"十二五"国家重点出版物出版规划项目

海岸河口工程研究论丛

二维畸形波模拟方法及主要特征

崔　成　张宁川　著

SIMULATION METHODS AND MAJOR CHARACTERISTICS OF TWO-DIMENSIONAL FREAK WAVE

人民交通出版社股份有限公司
China Communications Press Co.,Ltd.

内容提要

本书是《海岸河口工程研究论丛》之一。本书介绍了根据组成波叠加原理数值模拟和物理模拟畸形波的方法，并分别在数值水槽和物理水槽中实现了畸形波的模拟。进一步通过分析数值模拟结果和物理试验结果研究了畸形波的生成、演变和传播规律，运动学和能量结构等基本内部结构特征，内、外部特征之间的相关关系及局部地形变化对畸形波基本特征的影响。

本书适合从事海岸河口、海洋波浪动力研究的科技人员和港口、海岸及近海、海洋工程专业高校学生学习参考。

图书在版编目(CIP)数据

二维畸形波模拟方法及主要特征 / 崔成，张宁川著.
— 北京 ：人民交通出版社股份有限公司，2015.12
ISBN 978-7-114-12529-4

Ⅰ.①二… Ⅱ.①崔… ②张… Ⅲ.①波—数值模拟
—研究 Ⅳ.①04

中国版本图书馆 CIP 数据核字(2015)第 243187 号

海岸河口工程研究论丛
书　　名：**二维畸形波模拟方法及主要特征**
著 作 者：崔　成　张宁川
责任编辑：韩亚楠　崔　建
出版发行：人民交通出版社股份有限公司
地　　址：(100011)北京市朝阳区安定门外外馆斜街 3 号
网　　址：http://www.ccpress.com.cn
销售电话：(010)59757973
总 经 销：人民交通出版社股份有限公司发行部
经　　销：各地新华书店
印　　刷：北京鑫正大印刷有限公司
开　　本：720×960　1/16
印　　张：10.5
字　　数：190 千
版　　次：2015 年 12 月　第 1 版
印　　次：2015 年 12 月　第 1 次印刷
书　　号：ISBN 978-7-114-12529-4
定　　价：48.00 元
(有印刷、装订质量问题的图书，由本公司负责调换)

序

海岸、河口是陆海相互作用的集中地带，自然资源丰富，是经济发达、人口集居之地。以我国为例，我国大陆海岸线北起辽宁的鸭绿江口，南至广西的北仑河口，全长18 000km；我国海岸带有大大小小的入海河流1 500余条，入海河流径流量占全国河川径流总量的69.8%，其中流域面积广、径流大的河流主要有长江、黄河、珠江、钱塘江、瓯江等。海岸河口地区居住着全国40%左右的人口，创造了全国60%左右的国民经济产值，长三角、珠三角、环渤海等海岸河口地区是我国经济最为发达的地区，是我国的经济引擎。

人类在海岸河口地区从事经济开发的生产活动涉及很多的海岸河口工程，如建设港口、开挖航道、修建防波堤、围海造陆、保护滩涂、治理河口、建设人工岛、修建跨(河)海大桥、建造滨海火电厂和核电厂等等，为了使其经济、合理、可行，必须要对环境水动力泥沙条件有一详细的了解、研究和论证。人类与海岸河口工程打交道是永恒的主题和使命。

交通运输部天津水运工程科学研究院海岸河口工程研究中心的前身是天津港回淤研究站，是专门从事海岸河口工程水动力泥沙研究的专业研究队伍。致力于为港口航道(水运工程) 建设和其他海岸河口工程等提供优质的技术咨询服务。多年来，海岸河口工程研究中心科研人员的足迹遍布我国大江南北及亚洲的印尼、马来西亚、菲律宾、缅甸、越南、柬埔寨、伊朗和非洲的几内亚等国家，研究范围基本覆盖了我国海岸线上大中型港口及各种海岸河口工程及亚洲、非洲一些国家的海岸河口工程，承担了许多国家级重大科技攻关项目和863项目，多项成果达到国际先进水平和国际领先水平并获国家及省部级科技进步奖。海岸河口工程研究中心对淤泥质海岸泥沙运动规律、粉沙质海岸泥沙运动规律和沙质海岸泥沙运动规律有深刻的认识，在淤泥质海岸适航水深应用技术、水动力泥沙模拟技术、悬沙及浅滩出露面积卫星遥感分析技术等方面无论在理论上还是在实践经验上均有很高的水平和独到的见解。中心的一代代专家们为大型复杂项目给出正确的技术论证和指导，使经优化论证的工程方案得以实施。如珠江口伶仃洋航道选线研究、上海洋山港选址及方案论证研究、河北黄骅港治理研究、江苏如东辐射沙洲西太阳沙人工岛可行性及建设方案论证、瓯江口温州浅滩围涂工程可行性研究、港珠澳大桥对珠江口港口航道影响研究论证、天津港各阶段建设回淤研究、田湾核电站取排水工程研究等等，事实证明这些工程是成功的。在积累的成熟技术基础上，主编了《淤泥质海港适航水深应用技术规范》、《海岸与河口潮流泥沙模拟技术规程》、《海港水文规范》泥沙章节，参编《海港总体设计规范》和《 核电厂海工构筑物设计规范》等。

本论丛是交通运输部天津水运工程科学研究所海岸河口工程研究中心老一辈和少一辈专家学者多年来的水动力泥沙理论研究成果、实用技术和实践经验的总结，内容丰富、水平先进、科学性强、技术实用、经验珍贵，涵盖了水动力泥沙理论研究，物理数学模型试验模拟技术研究，水沙研究新技术、水运工程建设、河口治理、人工岛开发建设实例介绍等海岸河口工程研究的方方面面，对从事本行业的技术人员学习和拓展思路具有很好的参考价值，是海岸河口工程研究领域的宝贵财富。

本人在交通运输部天津水运工程科学研究院工作20年

(1990~2009年),曾经是海岸河口工程研究中心的一员,我深得老一代专家的指导、同辈人的鼓励和青年人的支持,我深得严谨治学、求真务实氛围的熏陶,留恋之情与日俱增。今天,非常乐见同事们把他们丰富的研究成果、实践经验、成功的工程范例著书发表,分享给广大读者。相信本论丛的出版将会进一步丰富海岸河口水动力泥沙学科内容,对提高水动力泥沙研究水平,促使海岸河口工程研究再上新台阶有推动作用。希望海岸河口工程研究中心的专家们有更多的成果出版发行,使本论丛的内容越来越丰富,也使广大读者能大受裨益。

交通运输部科技司司长 赵冲久

2012年11月

前　言

畸形波是一种波高极大、持续时间很短、能量高度集中的灾难性波浪,能对船舶和海上工程结构等造成严重的危害。目前,其发生机理和生成概率等基本问题还没有统一的结论。由于破坏力大,发生前没有征兆,实测资料有限等方面原因,导致畸形波的研究还未建立成熟的体系。

本书详细介绍了畸形波生成、演化过程,内部结构及内、外部结构之间关系等方面的研究成果。

本书主要研究了以下三项内容。

(1)畸形波的生成、演化过程可归纳为:从连续大波(大波群)→深谷→准畸形波→畸形波→准畸形波→深谷→连续大波。在畸形波生成、演化过程中,最大波浪并不是一直以自由水面形态向前传播,会发生大波群与深谷相互转化、深谷与畸形波相互转化,相邻的波浪间能量和波面传播速度不同步使最大波发生“突变”。

(2)定量分析了畸形波与常规不规则波列中最大波在时频能量集中程度和能量集中区在时频域的分布范围方面的区别。畸形波的时频能量集中度与外部特征参数 α_1、波峰陡度 η_c/L_p 具有显著的相关关系,与 α_2、α_3、α_4 没有明显的相关关系。显著的地形变化,可使得畸形波时频能量集中区在时域的分布范围减小,同时显著增加时频能量的高频成分,但对能量集中程度、时频能量集中区在频域的分布范围的影响不显著。

(3)广义波陡 ε^* 在 0.03～0.4 范围内的畸形波波面传播速度可采用半经验、半理论的公式计算。

ε^* 在 0.03～0.31 范围内，畸形波的波面传播速度小于线性波的波面传播速度；ε^* 在 0.03～0.4 范围内，其波面传播速度小于 3 阶 Stokes 波的波面传播速度。

成书之际，感谢恩师张宁川教授的悉心指导，也要感谢单位领导、同事和家人的帮助和支持。

由于作者水平有限，书中不当之处在所难免，敬请读者不吝赐教。

作　者

2015 年 7 月

试从内部结构的角度给出畸形波的定义。

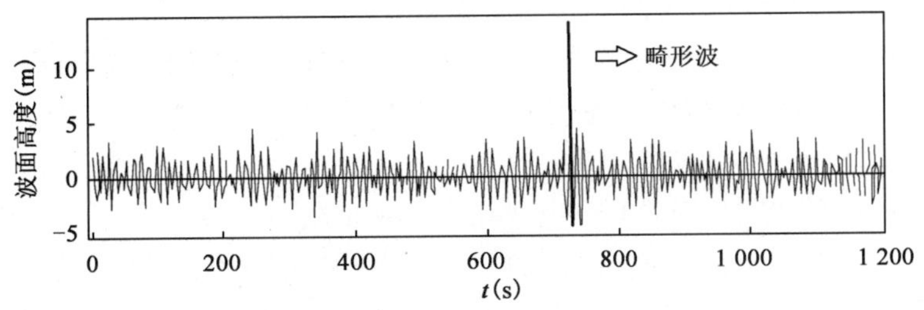

图 1.2　北海采集到的畸形波实例

1.1.2　畸形波事故和观测

近几十年来，畸形波引发了大量的人身、工程及船舶事故，受到了广泛的关注。图 1.3 给出了 1968 ~ 1994 年间畸形波袭击轮船失事的情况统计[2]。从图 1.3 中可以看出，畸形波的发生海域几乎覆盖了全球所有大洋，它不仅在开阔的深水海域肆虐，在近岸的浅水海域也同样经常发生。

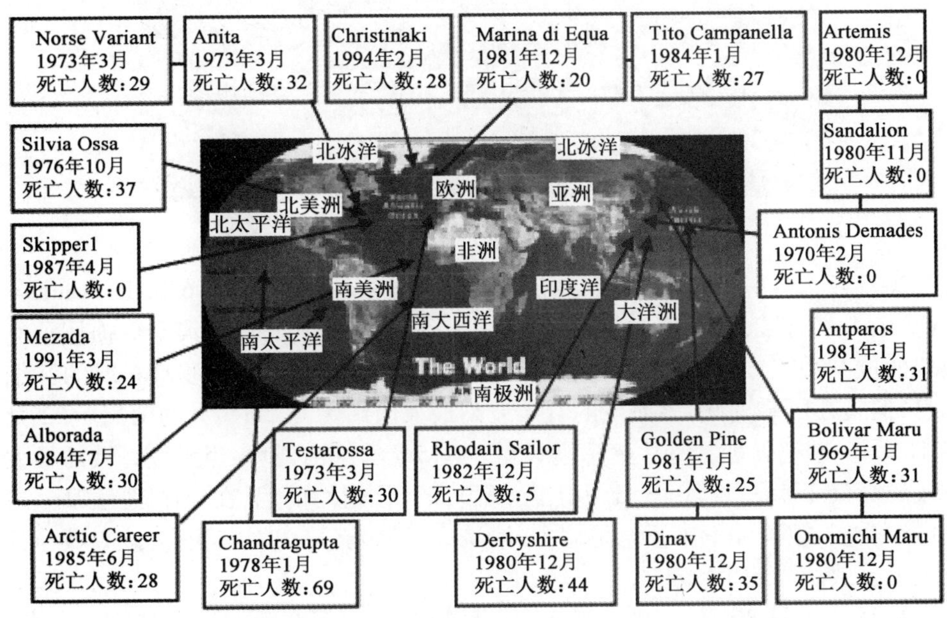

图 1.3　1968 ~ 1994 年间巨轮遭遇畸形波的情况统计

1）畸形波事故

1952 年以来，在印度洋的南非海岸，至少有 12 艘轮船因遭遇畸形波而发生事故。1969 ~ 1994 年间,在太平洋和大西洋海域共有 22 艘巨型轮船由于畸形波的袭击在大海中沉没,事故中有 525 人丧生[2]。

1974 年 5 月 17 日,挪威籍油轮 Wilstar 号,在南非德班海域附近,遭受到畸形波的袭击,船体外部结构严重受损。该海域有著名的阿古拉斯海流(沿着非洲南部东岸向西南方向流动的印度洋洋流)经过[18]。

1985 年 4 月 27 日,苏联的一艘油轮,在南非东南海域遭遇了一次畸形波的袭击,一名在前甲板上工作的水手被巨浪卷入海中导致丧命[8]。

1995 年 2 月,巡洋舰 Queen Elizabeth II 号,在北大西洋的台风天气中,遭遇了一个 29m 高的巨浪,船体被损坏,庆幸的是事故中并无人员伤亡。据该船船长回忆,当时船体发生了两次令人难以置信的“颤抖”,似乎经历了两次连续大浪的袭击[19]。

2002 年 11 月 20 日,在西班牙西北部的 Galicia 海域,Prestige 号油轮遭遇畸形波,发生了严重的损坏(图 1.4)[20]。

图 1.4　沉没的 Prestige 号油轮

2005 年 1 月 27 日,在距阿拉斯加阿留申群岛中 Adak 岛南端 650mile(1mile = 1 609.344m)海域,一艘巡航船遭遇了一次 15m 巨浪的袭击,巨浪不仅损坏了巡航船的控制系统,还造成了两名船员受伤。尽管没有关于当天波浪状况的详细信息,但是在风暴期间,该海域的有效波高最大值约为 7.2m。大约两周后(2 月 14 日)另一艘巡航船在地中海遭遇风暴,被 15m 的巨浪损坏,当天该海域的最大有效波高仅 2.4m。4 月 16 日,从巴哈马群岛开往纽约的船,在途中遭遇 21m 高的巨浪受损,被迫停下来紧急抢修,波浪淹没了船舱,造成乘客受伤,该海域当天的最大有效波高约为 4m[4]。

2005 年 8 月 26 日,在南非的 Kalk 海湾,两名游客在防波堤上被巨浪卷走,该巨浪波高超过 9m,该海域近岸处的有效波高约为 4.5m(图 1.5)。有资料显示,1996 年 4 月 21 日,该海域也发生过类似的畸形波伤人事件,3 人被卷入海中,仅 1 人获救[4]。

图1.5　在 Kalk 湾一次超过 9m 高的畸形波将 2 个人从防波堤上卷入海中

2005 年 9 月 14 日，在黑海的 Blue 湾，距岸边 40 ~ 50m 处(水深为 2 ~ 3m)，一艘航行的船只遭遇了波高约为两倍特征波高的破碎波浪[4]。

2005 年 10 月 26 日，在巴哈马群岛沿岸的海域一个 3.7m 高的波浪摧毁了最少 100 户房屋并使一个 15 个月大的孩子丧命，当天该海域沿岸处的有效波高仅为 1.2m[4]。

2006 年 11 月 11 日，42 000t 油轮 FR8Venture 号在通过位于苏格兰东北端的朋特兰湾时，被 30m 高巨浪袭击，造成 2 名船员死亡，1 人重伤，船舶损坏，当天该海域有效波高达 6m[5]。

2007 年 5 月 24 日，Jaya Baru 号渔船在印度尼西亚海域，被 6m 高波浪吞噬，造成 11 人死亡[5]。

2007 年 12 月 4 日，一艘美国海岸巡逻船在加利福尼亚的摩洛湾执行任务时，被突然出现的大浪打翻[21]。

2008 年 2 月，Riverdance 号渡轮从北爱尔兰开往希舍母的途中，遭遇了畸形波的袭击，船体被严重损坏，事故中有 3 人死亡。据大白鲨基金主席 Mariette Hopley 讲述，当时海面非常平静，这个大波不知是从何而来[22]。

2008 年 3 月，一个 7m 高的巨浪，突然出现在西班牙西北部的拉科鲁尼亚港的岸边，冲走了岸上的汽车和行人。同年 5 月，一个高 5m 的大浪袭击了韩国西部海岸，造成 9 人死亡，14 人受伤[23]。

2010 年 3 月，塞浦路斯籍游船 Louis Majesty 号在经过马赛港附近时，连续遭到三个约 7.9m 高的大浪袭击，事故中有 2 人死亡，6 人受伤[24]。

2010 年 12 月 7 日，邮轮 Clelia II 号在南极洲附近海域的 Drake 海峡遭遇 9m 大浪袭击，造成船舶失去动力和通信能力，1 人受伤，当天该海域有效波高为 3.5m[5]。

2010 年 12 月 30 日，超级邮轮 Aegean Angel 号在大西洋百慕大海域遭遇畸形波，造成船舶损坏，2 人死亡，1 人受伤[5]。

由此可见，畸形波在世界各大海域（无论是在近岸的浅水水域还是在开阔的深水水域）均可能发生，给人类带来严重的危害和巨大的损失。

2）畸形波观测

根据定义，可以直接从波面实测记录中统计出畸形波的基本情况，作为开展相关研究工作的基础资料。较为常见的观测方法是通过在船舶或海洋平台等海上结构物上布置水面波动采集设备，进行长时间的波浪采集来捕获畸形波。由于畸形波的发生时间和位置不确定，发生前征兆不易察觉，持续时间较为短暂，破坏力较强，因此该方法获得畸形波的效率并不理想。

随着人造卫星技术的发展，利用人造卫星技术采集大范围波浪场信息来获得畸形波实测记录成为畸形波观测较为高效的途径。

1986 年 9 月 ~ 1990 年 7 月，日本交通部船舶研究院在距离日本海 Yura 渔港 3km 处采集了连续的波浪记录。Mori（2002）等[25-26]通过对该组观测数据的分析发现，其中至少有 14 个波高超过 10m 的畸形波，其中波高与有效波高的比值最大可达 2.67。

1995 年 1 月 1 日，在位于北海挪威海域的 Draupner 采油平台附近，采集到一组包含畸形波的波面记录，时长为 20min，约 100 个波浪[27]。该畸形波被业内视为较为经典的畸形波记录，被称为“新年波”，见图 1.6。

Skourup（1997）等[28]分析了北海中部丹麦海域超过 12 年的波浪观测记录，从中统计出大于 400 个畸形波的波峰与波高的比值为 0.69，这个特征超出了高斯（Gaussian）波的范畴。

Wolfram（2001）等[29]分析了 1994 ~ 1998 年间在北海阿尔文（Alwyn）海域采集到的畸形波记录，指出这些波浪中有 50% 的波浪波陡大于有效波陡，波高大于 2.3 倍的有效波高，发生在这些畸形波之前和之后的波浪的波高与有效波高相差不多，波陡大约是有效波陡的一半。

Chien 等（2002）[30]从中国台湾周边海域采集到 4 500 个波浪记录，从中统计出 175 个近岸畸形波。

Liu 和 Pinho（2004）[31]从 1991 ~ 1995 年间在南大西洋坎普斯湾 1 000m 水深处采集的波浪观测记录中（共有 7 457 个波列），统计出 276 个波列包含畸形波。

在北海北部 Shetland 岛以东 100mile 的北 Alwyn 海域（水深 130m）发生的 14 次风暴中，采集到了 793h 的波面实测记录（约 354 000 个波）。Stansell（2004）[10-11]通过分析该组实测记录，统计出 104 个畸形波。上述实测记录中有两个经典异常波浪(畸形波和深谷),见图 1.7、图 1.8。由于其代表性,该实测记录中的畸形波被称为“北海畸形波”,深谷被称为“北海深谷”。

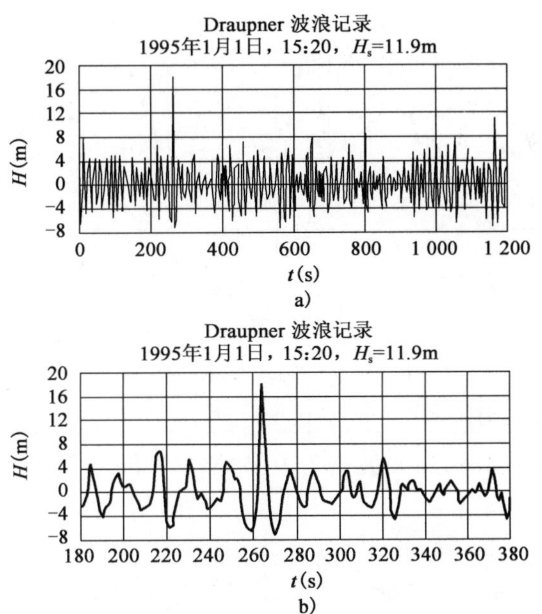

图 1.6 1995 年 1 月 1 日在 Draupner 采油平台附近采集的畸形波记录(新年波)

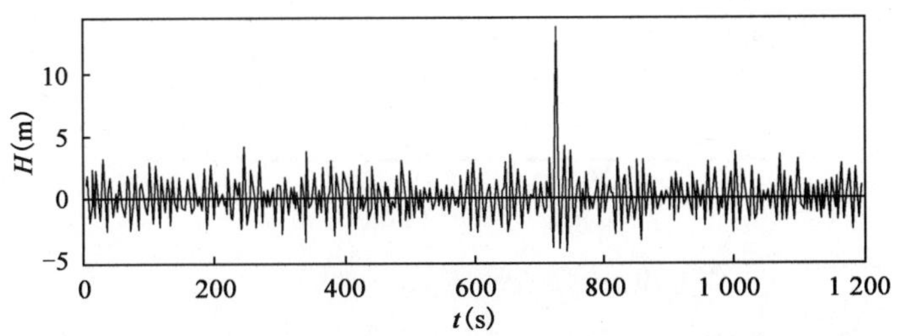

图 1.7 北海采集到的畸形波(北海畸形波)

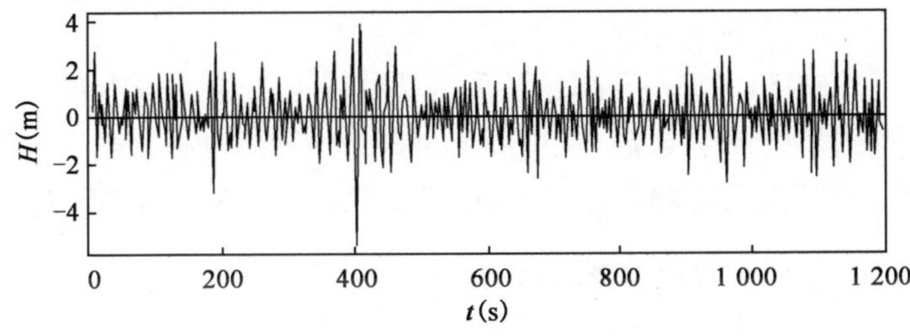

图 1.8 北海采集到的深谷(北海深谷)

在南非沿岸海域(水深 70m)采集到一个波谷很大的异常波浪,其波谷深 11m,而相邻的波峰却仅为 6m[8],如图 1.9 所示。

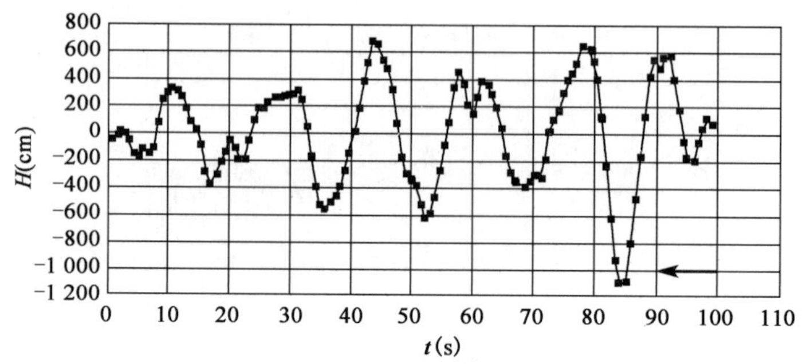

图 1.9　在南非海岸观测到的深谷

图 1.10 给出了利用遥感卫星技术获得的一次异常波浪的实测记录。波浪记录中的最大波高为 20m,有效波高为 10m,该异常波浪波高大于或等于有效波高的 2 倍[32]。

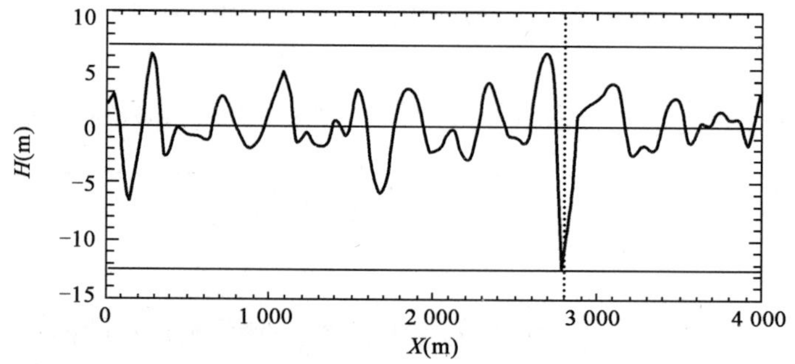

图 1.10　通过遥感卫星技术采集的异常波浪

Pelinovsky 等人(2004)[33]通过分析 1996 ~ 2003 年间在黑海东北部(44°30.4′N, 37°58.8′E)水深 85m 处采集的 15 000 个波浪观测记录,从中获得了多个高畸形度的畸形波。

Melville 等(2005)[34]分析了使用遥感卫星技术在墨西哥南端太平洋沿岸的 Tehuantepec 湾采集的图像数据,从中找到 4 组畸形波,并指出这是一种很有效地获得实测畸形波的方法,它的优点为采集范围广泛,可有效针对畸形波频发海域。

1.1.3　畸形波生成机理假说和发生概率

发生概率和生成机理是畸形波基础理论与应用研究中的重要问题。但是由

1 绪　　论

1.1 畸形波研究进展概述

随着全球人口数量迅速增长,对资源需求不断增加,陆地上的资源已经难以满足人类生产和生活的需要。海洋作为一个巨大的资源宝库,蕴藏着丰富的矿产资源、生物资源、水资源、能源(如波能、潮汐能、温差能等)和空间资源等,它已经成为人类发展经济并从事相应科学技术开发活动的重要领域。人类对海洋的开发和利用正不断地向深水化和多元化方向发展,发展的速度空前迅猛。开发和利用海洋,要依赖船舶、海上工程结构和设施,因此需要全面和深刻地了解和认识海洋动力环境。波浪是最重要的海洋动力环境条件之一。人类对波浪的研究由来已久,经历了从线性到非线性和从规则波浪到不规则波浪(随机波浪)的研究进程。然而波浪是一种非常复杂的物理现象,人类对它的研究尚有不足,还需要进一步的补充和完善,尤其是像畸形波这类特殊的波浪。

关于畸形波的研究最早可追溯到20世纪60年代。通过总结海洋中的巨浪现象,Draper于1965年最早提出了畸形波的概念[1]。畸形波(freak wave)是一种包含在随机波列当中的单个异常大波浪,具有明显的非线性特征,持续时间短,能量集中,破坏力惊人。相关资料和研究成果显示,它广泛存在于世界各大海域,会在察觉不到预兆的情况下,突然地出现在海面上,在它发生的前后还经常伴随着海中深洞(hole in the sea)和连续大波(three sisters)等异常波浪现象的发生[2-5]。由于具有这些特征,使得畸形波像海洋中的恶魔一样,对人类的生活、航行的船舶和海上工程结构等造成严重威胁。此类大浪除了被称作畸形波(freak wave)以外,还被称作异常波(exceptional wave, abnormal wave)、极端波(extreme wave)、巨浪(giant wave)、杀人波(killer wave)、怪波(monster wave)、凶波(vicious wave, rogue wave)、水墙(walls of water)、疯狗波(rabid-dog wave)和海角巨浪(cape roller)等[6-8]。从这些名称可以看出,畸形波是一种极度危险的波浪。近几十年来,畸形波引发人身、船舶和海上工程事故的报道日益增加,人们对它的关注也越来越多。相关部门和组织还分别设立了专门的研究项目(Max Wave Project),组织了专门的研讨会(Rogue Waves Workshop)。

1.1.1 畸形波定义

依据目击者的直接描述、现场观测记录和相关的文献报告等资料，学者们总结出畸形波的基本特征如下：

(1)持续时间短。

(2)波高极大且明显高于相邻的波浪。

(3)波峰尖瘦，波谷平坦，呈现出明显的峰—谷不对称特征，部分畸形波的波峰还呈现出一定程度的水平不对称特征。

(4)发生前没有明显的预兆，在恶劣海况或平静的海况背景下均可能发生。

(5)遍布世界各大海域，在深水或浅水条件下均可能发生。

(6)畸形波并非是一种独立的异常波浪现象，在畸形波发生前后，经常伴随着深谷和连续大波等异常波浪现象。

为了方便研究，Klinting 和 Sand(1987)[9]通过量化畸形波外部特征，给出了畸形波的定义：①该波浪的波高 H_0 大于或等于包含该波浪波列的有效波高 H_s 的 2 倍，记为：$\alpha_1 = H_0/H_s \geqslant 2$；②该波浪的波高 H_0 大于或等于与该波浪相邻波浪波高的 2 倍，记为：$\alpha_2 = H_0/H_{-1} \geqslant 2$ 和 $\alpha_3 = H_0/H_{+1} \geqslant 2$；③该波浪的波峰 η_0 大于或等于该波浪波高的 0.65 倍，记为：$\alpha_4 = \eta_0/H_0 \geqslant 0.65$。

该定义不仅考虑了畸形波的外部特征，还考虑了它与相邻波浪之间的关系，被较多学者所接受。图 1.1 给出了满足该定义的畸形波示意图。图 1.2 给出了在北海的阿尔文(Alwyn)海域采集到的畸形波实例[10-11]。还有部分学者认为，当波浪的波高满足 $H_0/H_s \geqslant 2$ 或 2.2 时，即可认为是畸形波[12-17]。

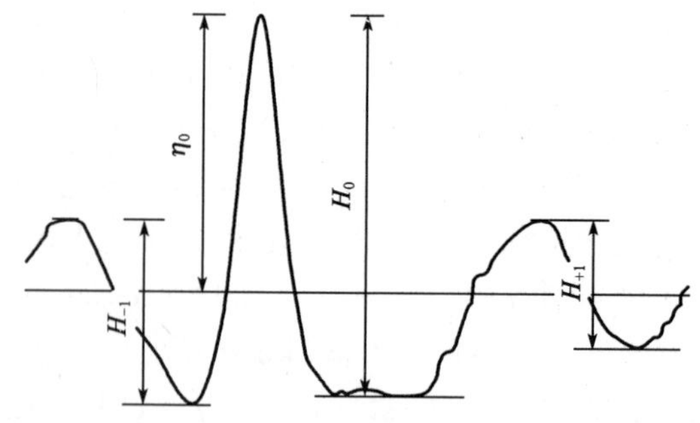

图 1.1　畸形波示意图

从上述情况可以看出，畸形波的定义尚未完全统一认识。本书中采用了 Klinting 和 Sand(1987)给出的畸形波定义。另外，现有的畸形波定义均是从畸形波几何特征的角度给出，不包含畸形波内部结构方面的信息。本书后文中尝

目　　录

于缺少完整、可靠的资料，目前畸形波的生成机理还没有定论，但有诸多假说正处在被证明的过程中。关于畸形波的发生概率问题，目前尚无确定的理论估算方法，但有少量的基于观测记录提出的经验估算模型。有限的研究认为，畸形波至少不是“罕见事件”。

1）生成机理假说

根据畸形波发生的环境条件以及其内部、外部特征，学者们提出了一些关于畸形波生成机理的假说。Kharif 等（2003）[2]基于已有的研究成果，对畸形波的生成机理假说进行了初步归纳。将生成机理假说分为 6 种不同因素作用的结果。

（1）组成波波能聚焦作用。

随机波浪可以看成由无数个不同频率、不同振幅、不同传播方向的单色波叠加而成。则畸形波的发生可以归结为：在某一特定的时间、特定的空间位置，大量的组成波波能汇聚的结果。

由此可见，特定的外在和内部作用使得组成波汇聚可能是诱发畸形波的原因之一。

（2）波流相互作用。

据统计，南非东南沿海、琉球西南海域和百慕大海域三个海域是畸形波引发船难较多的海域，而这三处海域都有较强的海流经过，因此推理海流与畸形波的形成存在某种相关性。

White 等（1998）[35]对波—流相互作用引发畸形波的原理进行了解释：当深水波浪经过一个有弯曲或变化的潮流区域时，流场可类比成光学透镜，会把波浪能量汇聚到一个特定区域，在该区域内，因为波能汇集从而出现畸形波。

Chine 等（2002）[30]总结畸形波发生机理时指出，当波浪在传播过程中遇到反向流时，反向流会像障碍物一样使波能在某位置汇集，从而引发畸形波，或者由于波浪与特定方向的不均匀流（不均匀流方向与波浪传播方向垂直）相互作用使波能聚焦，从而引起波浪发生变形。

Lavrenov 和 Porubov（2006）[8]总结了 3 个由于波浪与不均匀流相互作用产生畸形波的原因，分别为：特殊的流速分布水域（例如 Agulhas 流）使得传播经过的波浪发生折射传向流速最大的区域，在此处由于反向流的作用使得波能累积增大，从而形成畸形波；不均匀流的折射作用，使得波高在特定的区域内放大；由于水流的反射作用，使得不同方向的波浪在相遇位置发生非线性波—波相互作用，该现象可由 Kadomtsev-Petviashvili 方程描述。

由此可见，反向流和不均匀流能引起波能汇聚从而可能是诱发畸形波的原因之一。

(3)大气与海水的相互作用。

Thieke 等(1994)[36]指出,当畸形波出现在海面时,有的时候会伴随强风天气,与波浪运动速度相近的运动风暴不断将能量转移到波浪中是畸形波发生的原因之一。

Chien(2002)[30]在分析近岸畸形波的发生概率时,指出台风的到来明显地增加了畸形波的发生概率。

Liu 等(2004)[37]根据南印度洋的观测资料,分析了风速与最大波高的关系以及风在畸形波生成过程中的作用,指出当现场风速条件为 5 ~ 15m/s 时,发生畸形波的次数是资料中总数的 80%。

Donelan 等(2005)[38]分析了气象环境变化对聚焦方式形成畸形波的影响,指出大气作用会提高畸形波的发生概率。

Touboul 等(2006)[39]和 Giovanangeli 等(2006)[40]通过试验和数值模拟方法,研究了风作用对根据组成波波能时—空聚焦原理模拟的畸形波的影响,试验结果显示风场(平均风速为 0 ~ 6m/s)的存在可以使波能的聚焦位置向下游移动,这主要是由于风成流的作用,还可以增加畸形波的持续时间和较小程度的增加畸形波的波峰。

Yan 和 Ma(2008)[41]分析了风作用对考虑粘性的三维数值模拟畸形波的影响,指出风作用使得模拟的畸形波波峰更大,波陡更大,破碎的更早。

由此可见,无论是实测结果还是模拟结果都显示大气作用对畸形波的影响比较显著,可能对畸形波的形成有一定促进作用。

(4)地形作用。

大量的研究成果和实测资料显示,海底地形变化对于波浪的传播具有显著的影响。当波浪经过变化的海底地形,从较深水域传播至较浅水域的过程中,海底地形对波浪的反射、折射和变浅作用会改变波浪的传播方向和形态,使波浪发生弯曲、翻倒和破碎等现象[42-45]。不考虑能量耗散,当一列孤立波传播经过平底地形时,会保持外形和速度不变,但是当其经过一个过渡斜坡地形传向水深较浅水域时,会发生振幅减小和分裂现象[46]。

Biausser 等(2003)[42]和 Guyenne 等(2003)[43]数值模拟了孤立波在水深不断变浅的非平底地形上的传播演化过程,结果显示未发生破碎之前,随着水深的不断减小,能量不断积累,波高和波陡不断增加。

裴玉国(2007)[47]通过试验研究一组随机波浪在水深变化的地形上的传播演化,指出畸形波的发生概率远大于随机波列在平底地形上传播演化的情况。

Sergeeva 等(2011)[48]使用 KDV 方程模拟了随机波列在不规则地形上的传播和变形。研究结果发现,波高随地形的起伏而变化,且波高的分布偏离 Rayleigh 分布,大波的发生概率随地形突变个数的增多而增大。相对于平底地形,当波列在不规则地形上传播演化时,畸形波的发生概率明显提高。

由此可见,变化的地形条件下,波浪与海底相互作用可能使得波能在某一区域发生汇聚从而使波高和波陡变大。因此波浪能量的几何(空间)聚焦被认为是诱发畸形波生成的原因之一。

(5)波浪调制不稳定机制。

波浪的调制不稳定(modulation instability)又称为边带不稳定(sideband instability),波浪的第一类不稳定,或者 B-F 不稳定(Benjamin-Feir instability)等,是指 Stokes 波对缓慢调制的周期性边带扰动(频率与载波的基频稍有差异的波产生的扰动)是不稳定的,速度和波长稍有不同的几个波列的相互作用会引发共振现象,Benjamin 和 Feir(1967)对这一事实的论证做出了关键性的工作。Whitham(1967),Benney 和 Roskes(1969)等进一步证实和推广了上述机制。Lighthill(1978)研究了一个波包继初始稳定阶段之后的非线性演化的早期阶段,指出一个有缓慢调制包络的 Stokes 波列,在包络峰附近的波峰比在包络峰两边的波峰运动得快些,因而有使前面的波变短、后面的波拉长的趋势。因为在深水中较长的波的群速度较大,所以从后面输入能量的速率大于前面把能量传走的速率,因而能量在包络的峰处累积起来,必然使其峰高进一步加大。类似地,包络的谷的高度有减小趋势,从而引起了波列演化的不稳定性[49]。该不稳定性可引起边带扰动在波列聚焦点处随时间成指数增长,从而生成一个大尺寸的波。很多研究结果显示 Stokes 波在不稳定演化过程中会出现临近破碎的大波,与畸形波的特征十分相似[12,50-52]。因此,很多学者把畸形波看作为 Stokes 波不稳定演化的结果。

另外,Toffoli 等(2008)[53]指出非线性调制不稳定作用对于谱能量分布范围较宽的三维短峰波的影响没有对长峰波的影响明显,非线性调制不稳定作用不仅可以显著地影响长峰波的波峰还可以影响波谷。但是在该研究中没有涉及关于窄带谱和双峰谱方面的问题。

由此可见,波浪调制不稳定能汇聚波能,从而有可能是诱发畸形波的原因之一。

(6)波浪间的非线性相互作用。

实测资料显示,在水深较浅的海域也有畸形波发生。很多学者尝试使用孤立波理论来解释较浅水深畸形波的生成机理。一个孤立波(Korteweg-de Vries

方程的解）与另一个与其传播方向一致的孤立波相互作用不能引发明显的波峰增加现象，但是当传播方向稍微不同的两个孤立波相遇时，情况就会有所不同，这个现象可由 Kadomtsev-Petviashvili（KP）方程描述。Zakharov 和 Shabat（1974）[54]提出了描述双孤立波相互作用的方程，Satsuma（1976）[55]提出了描述 N 个孤立波相互作用的方程。Peterson（2003）[56]考虑波—波间非线性相互作用，针对相对浅水条件，通过求解 KP 方程，分析不同传播方向孤立波的相互作用，指出在不同传播方向的孤立波相互作用的过程中会发生共振现象，使得波高和波陡参数与畸形波十分相似，故推断传播方向不同的孤立波的相互作用可能是畸形波产生的原因之一。

Fan 和 Tian（2011）[57]通过直接变换法得到 Camassa-Holm 方程的解，发现解的振幅在某一个区域内突然变大，远远超过周围波浪的平均波峰，认为该现象可以用于解释浅水畸形波的发生。

非线性波浪相互作用并非仅仅发生在较浅水深条件下，在深水或有限水深条件下同样可以引发畸形波。

Cherneva 和 Soares（2008）[58]通过分析实测“新年波”的时频能量谱，发现能量谱中会出现多个峰值，认为畸形波在形成过程中存在高阶的非线性波—波相互作用，能量并非简单的线性叠加。

Janssen（2003）[59]通过分析使用 Zakharov 方程模拟波浪的谱特征，指出波浪间的非线性相互作对于波浪谱的影响很大，会产生新的高频能量成分，由于这部分能量的聚焦使得波高增加。

由此可见，波—波非线性相互作用可以使波浪的外部特征和内部能量结构特征变得与畸形波较为相似，因此，有理由相信波浪间的非线性相互作用与畸形波的形成有一定的关系。

2）畸形波的发生概率

Chien 等（2002）[30]通过分析中国台湾周边海域实测畸形波资料指出，Rayleigh 分布适合描述波高与有效波高比值大于 2.4 的近岸畸形波的发生概率，但是仍然有一定程度的高估。通过分析海况与近岸畸形波发生概率的关系指出，在群性较强和具有双峰谱特征的波浪场中发生畸形波的概率会明显增加。

Mori（2002）等[26]通过对日本海 4 年间波浪观测数据的分析指出，虽然包含畸形波的波浪序列的谱形与常规的单峰风浪谱类似，波高分布满足 Rayleigh 分布，但是波峰和波谷的分布却不符合 Rayleigh 分布。

Mori 和 Jamssen（2006）[60]基于弱非高斯理论，给出了一个根据波浪个数和波面峰度计算畸形波发生概率的公式，通过分析指出，与线性窄带波浪理论相比,非线性因素可以明显的提升畸形波的发生概率。在一定的非线性强度范围内,对于固定的波浪个数,估算的畸形波发生概率比高斯理论增加 50% ~300% 。

Stansell(2004)[10-11]通过分析北海实测记录指出,Rayleigh 分布不能准确地给出(低估畸形波和异常峰值发生概率,高估异常谷值发生概率)异常波的发生概率;畸形波的发生概率受有效波高、波陡和谱宽度 3 个因素影响,而异常峰值和谷值的发生概率仅受有效波高的影响,最后基于实测数据给出了一个用于估计畸形波、异常峰值和谷值等发生概率和重现期等统计特征的经验概率密度函数模型。

Lopatoukhin(2004)等[14]总结了 4 种估算特定重现期标准下极端波高的方法,通过对比和分析指出,满足一条畸形波定义的极端波浪并非稀有事件。

由此可见,对于畸形波,极端峰值和谷值的发生概率问题还没有公认的理论模型进行估算。主要是因为目前畸形波的生成机理尚未明确,多是通过统计分析实测资料来研究畸形波的发生概率,而不同海域的环境条件和实测资料的采集条件存在一定的差异,导致分析结果很难统一在一个完善的理论模型中。

1.1.4 畸形波模拟

现有的畸形波原型观测记录多是关于某一点的波面时间过程,缺乏完整的时间—空间演化过程记录,而且实测记录中的畸形波尺度特征和环境条件也不一致,给畸形波的时间—空间演化过程、发生概率、生成机理等基础研究带来很大困难。数值模拟和物理模拟畸形波就成为进行上述研究方便且有效的途径。

畸形波模拟方法与前述畸形波生成机理假说有直接的对应关系。可分为组成波波能聚焦法、非线性自聚焦法、波—流相互作用法、波浪间非线性相互作用法等。

聚焦不同频率组成波波能是较为常用的一种模拟畸形波的方法。很多学者根据组成波聚焦模型实现了畸形波数值模拟。

Chaplin(1996)[61]总结了 3 种聚焦组成波波能的方法,分别为相速度法、逆传播法和波群速度法。黄国兴(2002)[62]通过给定部分组成波初相位相同的方式实现波能聚焦来模拟畸形波,结果显示当 1/3 组成波的初相位相同时,可以保证在一次造波过程中至少出现一个特征明显的畸形波,缺点是不能确定畸形波的生成时间和位置,因此在试验中很难捕捉到模拟的畸形波。赵西增(2008)[63]通过使组成波初相位在一个狭窄的范围内分布来实现能量集中。刘赞强(2011)[64]通过给定部分组成波初相位的范围使该部分组成波波面大于零来实现能量的聚焦。Krieble(2000)[65]提出了一个高效的双波列叠加模型,该模型可以实现畸形波的定点、定时可控制生成，在该模型中，目标谱的能量被分成两部分：一部分波能分配给瞬态波列；另一部分波能分配给随机波列。研究结果显示，能量分配比例为1:4时(20%的波能分配给瞬态波列，80%的波能分配给随机波列)，可以模拟出与实测畸形波特征相似的畸形波。裴玉国(2007)[47]根据Krieble的双波列叠加模型，提出了一个三波列叠加模型，将目标谱能量分别分配到一个随机波列和两个瞬态波列中，模拟结果显示三波列叠加模型可以在保证不影响波列统计特征的情况下，得到畸形程度更大的畸形波。刘晓霞(2008)[66]将该模型拓展到三维。

根据组成波波能聚焦模型在数值水槽和物理水槽中实现畸形波模拟在国内外均有报道。

数值模拟方面代表性的研究成果如下：

Clauss 和 Steinhagen(2000)[67]基于势流理论使用有限单元法建立数值水槽，并根据组成波聚焦模型在数值水槽中模拟了满足最大波高大于2倍有效波高的波群。

Brandini 和 Grilli(2001)[68]通过组成波波能汇聚的方法在数值水池中模拟生成畸形波，分析了畸形波的外部特征和运动学特征。

Fochesato 等(2007)[69]通过汇聚多向不同频率组成波能量，在使用高阶边界单元法建立的三维数值水池中模拟了畸形波，通过分析指出水深和最大方向角度对畸形波的主要特征(波峰等外部特征和运动学方面特征)有很大的影响。

Mori 等(2011)[70]使用数值模型模拟了三维畸形波，并分析了能量方向范围对峰度系数的影响，指出随着能量分布范围增加，峰度系数逐渐减少。

物理模拟方面代表性的研究成果如下：

Kim 等(1992)[71]通过控制组成波的相位，使部分组成波在指定的时间和位置汇聚，在物理水槽中实现了畸形波的模拟。

Baldock 和 Swan(1996)[72]通过聚焦组成波的方式在物理水槽中生成畸形波，并分析了畸形波非线性特征的影响因素，指出非线性随着振幅的增加而加强，随着谱宽的增加而减弱。畸形波形成过程中存在组成波间的非线性相互作用，会产生新的高频和低频能量。

She 等(1997)[73]在试验室内模拟了三维畸形波，经过分析指出成份波的角度分布对畸形波的特征有很大的影响。

Johannessen 和 Swan(2008)[74]的三维物理模拟结果显示方向角度范围对波浪非线性特征影响较大，随着方向角度范围增加，畸形波的波峰值会减小，破碎波高会增加。

国内这方面研究开展的相对较晚。

庞红犁(2003)[75]使用边界单元方法建立了二维数值模型,并使用聚焦不同频率组成波波能的方法模拟了畸形波。

李金宣(2007)[76]通过组成波能量聚焦的方法对三维聚焦波浪分别进行了的数值模拟和物理模拟。通过研究发现,聚焦波高的大小、频率宽度、中心频率、方向分布和水深等对波浪的聚焦特性有较大影响。

裴玉国(2007)[47]使用双波列叠加模型和三波列叠加模型在物理水槽中实现了畸形波的模拟,根据模拟结果讨论了畸形波的发展演化和持续时间等特性。

赵西增(2008)[63]使用组成波聚焦模型在数值水槽和物理水槽内分别实现了畸形波的模拟,并分析了无因次水深、波陡、谱峰升高因子、谱峰周期等因素对出现畸形波的随机波浪统计特性的影响。

柳淑学等(2004)[77]在物理水池中模拟了三维畸形波,通过分析试验结果指出,方向分布范围对三维畸形波特征有影响是因为最大波浪分量向两侧绕射会产生一定的能量损失,方向分布范围越大,波浪绕射影响越明显。

除聚焦组成波波能法模拟畸形波外,非线性自聚焦法也是模拟畸形波的一种有效方法。其理论根据是波浪的调制不稳定理论:Stokes 波对边带扰动是不稳定的,初始的微小扰动在演化过程中会被无限放大,从而生成畸形波。

Andonowati 等(2007)[78]通过求解非线性薛定谔方程,研究满足调制不稳定条件的解在演化过程中的自由水面变形,发现在演化过程中会发生波峰变大的现象,从而逐渐形成畸形波。

Ducrozet 等(2007)[79]使用高阶谱方法,模拟了满足调制不稳定条件的波浪在二维和三维波浪场中的演化,发现经过长时间的演化后,波列中出现了畸形波。再次表明波浪的调制不稳定作用可能是诱发畸形波的原因之一。

张运秋(2008)[80]以考虑平均流效应的四阶修正非线性薛定愕方程为基础,建立了移动坐标系统下的深水非线性波列演化的数值模型,并通过采用离散步长的伪谱方法求解该数值模型,实现了深水波列在边带扰动下演化形成畸形波的模拟。主要分析了边带扰动数目、波陡、谱峰升高因子和能量尺度因子对畸形波生成的影响。

刘首华(2010)[81]用多重尺度法给出描述调制不稳定性的最基础理论模型(三阶非线性薛定愕方程)的详细推导过程,然后分析了调制不稳定性容易发生的条件。

根据波浪间非线性相互作用和波流相互作用等原理也可实现畸形波模拟。

Clamond 和 Grue(2001)[82]使用完全非线性方程数值模拟了波包的长时间

演变，发现包络孤立子之间相互作用可产生畸形波，并指出使用完全非线性模型能更有效地模拟畸形波。

Wu 和 Yao(2004)[83]通过试验研究反向流对畸形波的影响，指出反向流的阻挡作用能有效增加通过组成波波能聚焦方式形成的畸形波的波陡和不对称程度。

综合比较上述各种模拟方法，可以看出聚焦组成波能量法原理简单，数值模拟结果易于转化为物理模拟，因此本书采用该方法进行畸形波模拟。

1.1.5 畸形波演化过程和内部结构

畸形波的演化过程及内部结构是畸形波基本特征与应用研究中的重要课题。波浪内部结构通常包括：水质点速度、加速度；波浪势能、动能、能流速率；波浪频域能量分布、时—频域能量分布等。对畸形波演化过程及内部结构的探究，有助于进一步解释畸形波的生成机理。此外，畸形波的内部结构决定了其外部特征，描述了畸形波所具有的能量形态及其传递过程，对于解明畸形波与结构物的作用机理也有不言而喻的意义。

下面回顾一下关于畸形波演化过程及内部结构方面具有代表性的研究成果。

1)畸形波演化过程

Clauss 等[84](2002)指出在恶劣的海况条件下，海面上可能不仅出现一个独立的大波，还会发生汹涌的大波群，并对畸形波、大波群等异常波浪现象进行了物理模拟和数值模拟。

Osborne 等[85](2001)根据 B-F(Benjamin-Feir)不稳定性使用 $1+1(x,t)$ 和 $2+1(x,y,t)$ 维非线性薛定谔方程(NLS)模拟了畸形波的发展过程，并指出在巨大波峰前后可能会形成大波谷。

Fochesato 等[86](2007)采用组成波叠加方法数值模拟三维畸形波的演化过程也得到了类似的结果，并指出由于各组成波方向不同，形成的深谷呈“月牙”状，表现出明显的三维特征。由于波幅受离散效应影响，与线性理论相比波长较长，波谷较为平缓。畸形波在传播过程中随着能量不断汇聚，波浪的不对称性会逐渐明显直至破碎，由于他们数值方法的缺陷，未能获得破碎后的演变过程。

Stansell[10-11](2004,2005)通过分析 104 组北海实测记录，发现了一组包含深谷的波浪时间序列，深谷谷值为 5.38m，波浪序列的有效波高为 3.79m，深谷谷值与有效波高的比值为 1.4。从一个侧面佐证了上述模拟结果。

2)畸形波内部结构研究

(1)速度和加速度。

物理模拟方面具有代表性的研究成果如下:

Kim 等(1992)[71]在实验室中模拟畸形波并测量了畸形波波面以下水质点的速度,将试验结果与三阶 Stokes 波理论进行对比发现,在静水面以上,畸形波波面以下水质点水平速度垂向变化较为剧烈,而在静水面以下变化的较为平缓,也就是理论值会低估波峰处附近的水平速度而高估水底附件的水平速度。在他的试验中,最大水平速度可达传播速度的 64%(传播速度由三阶 Stokes 波理论近似估计)。

Baldock 等(1996)[72]通过模型试验研究畸形波波面以下的速度场指出,畸形波的速度场具有很强的非线性特征,自由表面附近的速度梯度最大。在他的实验中,最大水平速度可达传播速度的 40%(传播速度由三阶 Stokes 波理论近似估计)。

Grue 等(2003)[87]通过试验研究了 62 组深水极端波浪的速度场(波面以下质点最大水平速度可达估计传播速度的 0.75 倍),指出水平速度沿水深成指数分布,线性理论不能准确的估算极端波浪的速度场。

Grue 和 Jensen(2006)[88]使用物理试验方法获得了 6 组极端波浪的速度场和加速度场,根据三阶 Stokes 波理论近似估计这 6 组极端波浪的波陡在 0.4 ~ 0.46 之间(新年波的估计波陡约为 0.38)。通过分析指出,非破碎波浪算例的最大水平加速度为 0.7 倍的重力加速度,发生在波浪前端静水面和波峰之间的中心位置处,破碎波浪算例的最大水平加速度可达 1.1 倍重力加速度,竖直方向的最大加速度可达 1.5 倍的重力加速度,发生在波浪的破碎位置下端。还指出速度场和加速度场的分布都呈现严重的前后不对称。

三维研究成果更能代表真实海况。She 等(1997)[73]通过物理试验研究三维极端波浪的速度场,指出三维极端波浪问题与二维极端波浪存在本质的区别,方向角度分布范围加大可以增加极端波浪波面以下质点的速度。

Johannessen 和 Swan[89]从能量角度解释了三维与二维畸形波速度场非线性特征存在差异的原因。在畸形波发生时,波能会在频域重新分配,而方向角度范围对这个频谱变化过的程影响较为显著。

由此可见,如果要准确的量化畸形波的运动学特征,必须考虑波—波间的非线性相互作用。Clauss 等(2008)[90]使用三阶组成波叠加模型(组成波为 Stokes 波)计算畸形波的速度场,计算结果与试验结果吻合较好。Thomas 和 Johannessen(2010)[91]基于摄动展开法提出一个近似计算畸形波波峰附近水质点速度的方法,并通过引入一个折减系数将这种方法推广到三维。

数值研究成果与前面的物理研究成果结论基本一致。

Smith 和 Swan(2002)[92]使用数值方法模拟畸形波波面以下的水平速度场,指出稳定的非线性波浪理论(如 Stokes 波理论)和修正的线性随机波浪理论都不能准确的描述畸形波峰面以下的速度场。波—波非线性相互作用对速度场的影响依赖于水深,在静水面以上的位置,和频项起主要作用,而随着水深降低在水底附近的位置,差频项起主要作用。在畸形波形成过程中,波—波非线性相互作用还会使内部波能重新分布,频谱加宽。能准确描述畸形波的模型需要同时能描述波浪的非线性和不稳定性。

Fochesato 等(2005)[93]基于高阶边界单元法建立了数值模型模拟三维畸形波,通过分析速度场和加速度场指出:畸形波形成时,波浪前端速度场和加速度场的横向分量很小,畸形波呈现出近似的二维波浪形态,可用于解释海中的水墙现象(wall of water);即使水深最浅的算例,水平速度沿水深变化也很快,尤其在静水面以上;在波浪开始发生破碎的时候,水平速度达到最大值;垂向加速度的最大值与水深无关,这与具有相同波高和周期的 Stokes 波不同;最大加速度发生在临近波峰面的下端;水平速度的最大值可达具有相同波高和周期的 Stokes 波的 2 倍。

(2)波浪能量分布。

通常,通过对波面时间过程做傅里叶变换,即可得到该波列的频域能量谱。Walker 等[94](2004)使用傅里叶变换给出了模拟"新年波"(1995 年 1 月 1 日,在北海挪威海域 Draupner 采油平台附近采集到的畸形波记录,见图 1.6)的二阶差频项、二阶和频项以及三阶和频项的频域能量分布。与常规的总频域能量谱相比,更明确地给出了不同阶数的非线性项对畸形波内部能量结构的贡献。

傅立叶谱是对波能时频情况的描述,不能给出我们关注的某些特殊时刻(如畸形波发生时刻)的能量分布状态。小波分析方法是分析波浪时频能量分布的有力工具,已有学者使用小波分析方法开展了有关畸形波时频能量谱的研究。

Liu 等[25](2000)使用小波变换方法分析了日本海采集到的实测畸形波记录。研究结果显示畸形波的小波谱具有十分明显的特征,即能量集中且包含大量的高频成分。

Chien 等[30](2002)用小波分析方法研究了实测畸形波的时—频能量结构,研究成果与 Liu 等[25](2000)的研究成果一致,并指出采集到的实测畸形波中 20% 的畸形波的时频能量谱具有明显的双峰特征。

Buchner 等[95] (2008) 使用连续小波变换技术分析了物理模拟畸形波的时频能量谱特征,指出与整个波列的平均谱能量相比,畸形波周期时段范围内,各频域的能量值都有明显的提升;在畸形波形成过程中,非线性影响起了很大的作用。

通过对现有畸形波演化过程和内部结构方面研究成果的总结和分析发现,缺少完整的畸形波生成、演化过程分析以及整个过程中内部结构特征的演化。

1.1.6 现有研究成果主要问题

通过回顾现有研究成果,将存在的主要问题总结如下:

1)畸形波定义

畸形波的定义尚未完全统一认识。现有定义均是从畸形波外部特征的角度给出,没有从内部结构角度描述畸形波的定义。

2)畸形波观测

畸形波的现场观测资料证明了畸形波可发生于全球各大海域,由于畸形波的发生时间和位置不确定,发生前征兆不易察觉,持续时间短暂,破坏力强,因此很难高效获得畸形波实测资料。所获得的资料有限且多为定点时间序列,缺乏完整的畸形波生成、演化过程的时空分布资料。此外,由于观测海域环境条件千差万别,故仅依据现场观测资料开展畸形波的相关研究有一定困难。

3)畸形波的发生概率和生成机理

基于现场观测和理论分析,目前对畸形波发生概率的认识可大致归纳为:畸形波至少不是"罕见的事件";多数学者认为 Rayleigh 分布不能准确地给出畸形波发生概率,少数学者认为 Rayleigh 分布在一定条件下可以给出基本准确的畸形波发生概率。影响畸形波发生概率的因素至少包括波陡、波列群性(群性强易发生)、谱型(双峰及多峰谱易发生)、非线性特征等。现有估计发生概率的模型尚处于经验模型阶段,不同海域的环境条件和实测资料的采集条件存在一定的差异,导致分析结果很难统一在一个完善的理论模型中,目前尚无确定的理论估算方法。

由于缺少完整、可靠的资料,目前畸形波的生成机理还没有定论,但有诸多假说正处在被证明的过程中。现有的 6 种假说表明,完全不同环境条件的特定组合都可能引发畸形波,但可初步认为在畸形波发生的时空位置有超过常规波浪的能量汇聚。

4)畸形波的模拟

畸形波模拟的重要理论依据就是通过物理的或数值的方法,使得波列在传播过程中在某特定时、空能量得以汇聚。现阶段根据畸形波生成机理,物理和数值生成畸形波的技术基本成熟。

5)畸形波演化过程和内部结构

现有理论研究和现场观测都显示,在畸形波的发展过程中会形成大波谷,但对整个畸形波的生成和演化过程缺乏系统研究。

对于畸形波内部结构的研究,系统的工作应包括:畸形波水质点速度、加速度;波浪势能、动能、能流速率;波浪时频能量分布等。现有关于畸形波水质点速度、加速度的认识可归纳为:具有较强的非线性特征;以过波峰的垂线为轴线,速度场和加速度场的分布都呈现严重的前后不对称。不同的条件下,流场维数对畸形波水质点的速度、加速度的影响不同。关于畸形波能量在时频域的分布的认识可归纳为:包含畸形波的波浪序列的能量在时频域的分布与常规不规则波浪序列明显不同;畸形波发生时刻,能量集中且包含大量的高频成分。现有研究成果多关注于对单一畸形波的探讨,缺少对整个畸形波生成、演化过程中异常波浪内部结构特征系统、深入的分析。

1.2 本书主要研究内容与思路

1.2.1 主要研究内容

(1)从概念和定义、事故和观测、发生概率、生成机理、模拟方法、生成演化、内部结构特征等方面总结和回顾了畸形波的研究进展。

(2)本书介绍了根据组成波叠加原理模拟畸形波的方法,并通过在数值水槽和物理水槽中实现畸形波模拟证实了该方法的有效性和实用性。其中的数值模型是通过有限差分法求解雷诺时均 N-S 方程,以 k-ε 双方程湍流模型封闭,使用 VOF 方法捕捉自由表面建立的。

(3)基于复演天然实测及数值模拟畸形波(或深谷),对比分析了天然畸形波和数值模拟畸形波的生成和演变规律。研究发现,畸形波的生成、演化过程可归纳为:连续大波(大波群)→深谷→准畸形波→畸形波→准畸形波→深谷→连续大波。该过程中,最大波浪并不是一直以自由水面形态向前传播,会发生大峰波与深谷相互转化、深谷与畸形波相互转化,相邻的波浪间,能量和波面传播速度不同步会使最大波发生“突变”。由此可见,畸形波并非独立的异常波浪现象,常与深谷和连续大波等异常波浪现象相伴发生。

(4)根据 284 组物理模拟畸形波和 64 组数值模拟畸形波传播速度的计算

结果，使用回归分析方法给出了畸形波传播速度的半经验、半理论计算公式。并对比分析了畸形波与 3 阶 Stokes 波传播速度中的非线性成分，发现非线性对畸形波传播速度的影响远远大于 3 阶 Stokes 波，并且随着广义波陡的增加，两者之间的差距越明显。

(5)使用小波分析方法定量分析了畸形波生成、演化过程中出现的特征大波(大峰波、深谷、准畸形波和畸形波)的时频能量谱特征(能量集中度，能量集中区域在时域和频域的分布范围)，并与常规不规则波列(不包含异常大波的不规则波列)中的最大波浪进行对比。研究发现，畸形波生成、演化过程中出现的特征大波的能量集中度远大于常规不规则波列中的最大波浪。定义满足 $\alpha_E \geqslant 6$ 的大波浪为“广义畸形波”。α_E 是描述波浪能量集中程度的参数，与畸形波外部特征参数 α_1 显著线性相关。

(6)通过分析畸形波运动学特征得到如下认识：广义畸形波水质点速度、加速度的最大值均发生在自由表面附近。波峰(波谷)两侧速度场、加速度场的分布均不对称，与规则波有明显的区别。尽管广义畸形波的波高很大，但其远未达到波浪的运动学、动力学破碎指标。波峰高度、周期完全相同的条件下，比较畸形波与 5 阶 Stokes 波波峰位置水质点水平速度得知，静水面以上，畸形波水质点水平速度较大，静水面以下，情况相反；畸形波水质点水平速度沿水深变化比 5 阶 Stokes 波快。有限的计算结果显示，畸形波内部结构参量与畸形波外部特征参数 η_c/L_p、α_1 和 α_4 的关系较为密切，对此还需进一步的研究。

(7)通过分析局部地形变化对畸形波基本特征的影响发现：斜坡和曲线地形的存在对于畸形波外部特征参数的影响未表现出显著的规律。但当坡度(或曲线高度)连续变化时，特征参数 α_4 存在一个谷值。斜坡和曲线地形的存在对于畸形波内部结构的影响主要表现在：当地形特征变化显著时，可使得时频能量集中区在时域的分布范围减小，同时显著增加时频能量的高频成分，但对能量集中度 α_E、时频能量集中区在频域的分布范围的影响不显著。

1.2.2 主要研究思路

基于上述总结，本书针对畸形波生成、演化过程，内部结构及内外部结构的联系等问题开展研究。具体研究思路如下：

(1)使用双波列叠加模型计算造波板的驱动信号，在物理水槽中实现了畸形波定时、定点模拟，在一定空间范围内直接测定波面时间序列和水质点速度。

(2)以物理试验结果为验证依据，建立模拟畸形波的数值模型。进而采用该模型实现不同地形(平底，斜坡和曲线地形)条件下畸形波的数值模拟。

(3)考察畸形波生成、演化过程,探讨畸形波外部特征(波面)的时、空演化规律及波面的传播速度。

(4)引入小波分析方法研究畸形波生成、演化过程中出现的特征波大波的内部结构(时频能量结构)的变化趋势,尝试从波浪内部结构的角度定义畸形波。

(5)较为系统地计算畸形波速度场、加速度场、势能、动能和能量流速率等内部结构参数,考察其基本特征及与外部特征的关系。

(6)分析海底地形变化对畸形波生成和内部结构的影响,建立畸形波内部和外部结构的联系。

2　畸形波模拟

由于畸形波持续时间短,发生时间和位置不确定,天然观测记录多为定点时间序列样本,缺乏空间延续(定点观测无法获得空间水面分布),卫星观测资料的精度和时空分辨率受到较大的限制。因此,很难从天然观测资料获得畸形波生成、演化过程完整的时空分布。

另外,不同海域实测记录对应的环境条件也不一致,采集过程中的自然条件也存在差异(自然条件是影响畸形波的主要因素之一),很难进行畸形波生成与周围动力环境及边界条件之间关系的综合分析,因而难以深入探索畸形波的生成机理。

鉴于此,进行物理和数值模拟畸形波就显得十分必要,该工作是开展畸形波生成、演化及内部结构研究的基础。

本章主要内容是实现畸形波的物理模拟和数值模拟,并将数值模拟结果与物理试验结果进行对比,使两者相互验证。

2.1　畸形波物理模拟

2.1.1　试验设备

畸形波物理模拟试验在大连理工大学海岸及近海工程国家重点实验室的浑水水槽中进行,波浪水槽图见图 2.1。该水槽长 56m,宽 3m,最大工作水深为 0.7m。水槽的一端配备液压伺服式不规则波造波机,在最大工作水深条件下,可模拟周期为 0.5 ~5s、波高为 1 ~35cm 的规则波和不规则波。水槽的另一端布置透空斜坡消波边界,以减少波浪反射。

2.1.2　测试仪器及布置

1)测试仪器

测试仪器包括多点测波系统和流速仪。

波面高度测量选用交通运输部天津水运工程科学研究院研制的 DS30 型测

波系统,该系统配置 LG 型电容式浪高仪,见图 2.2 和图 2.3。采集仪内置模/数转换器,巡回采集各通道数据,最小采样时间间隔为 0.01s(100HZ)。此外由于该系统内置温度补偿器,所以测量结果受水温变化的影响较小,不必用温度传感器进行温度校正。

图 2.1 波浪水槽图

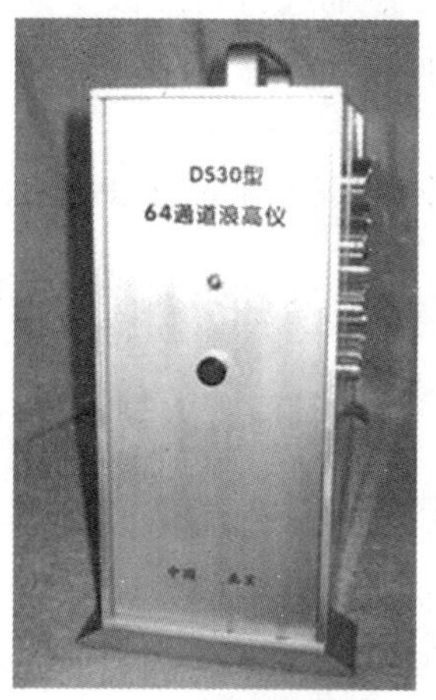

图 2.2 波高采集系统

流速测量采用挪威 Nortek 公司生产的 ADV 超声波三维流速仪,见图 2.4。该仪器流速测量范围为 0.005 ~ 1.0m/s,在水中含有足够微小粒子的条件下测试相对误差小于 1%。

所有设备和仪器均在实验室多次使用,性能稳定,率定精度良好。每次试验前均对设备和仪器进行检测和标定。

2)浪高仪布置

为了完整记录畸形波的整个时—空生成、演化过程,共布置 32 个浪高仪,间距为 20cm。浪高仪从距造波机 18m 处开始布置,分布在 620cm 范围内。浪高仪在试验水槽中的总体布置如图 2.5 所示。

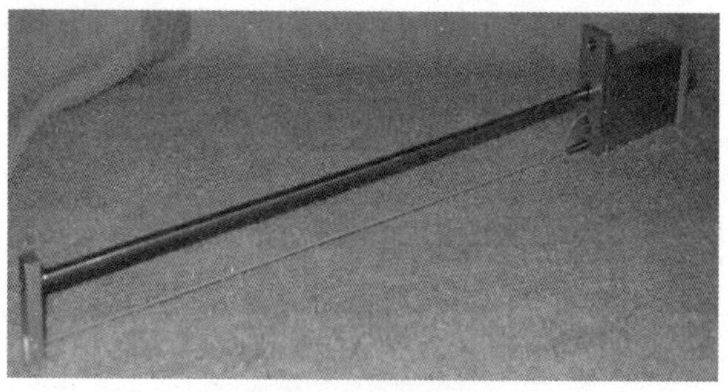

图 2.3 浪高仪

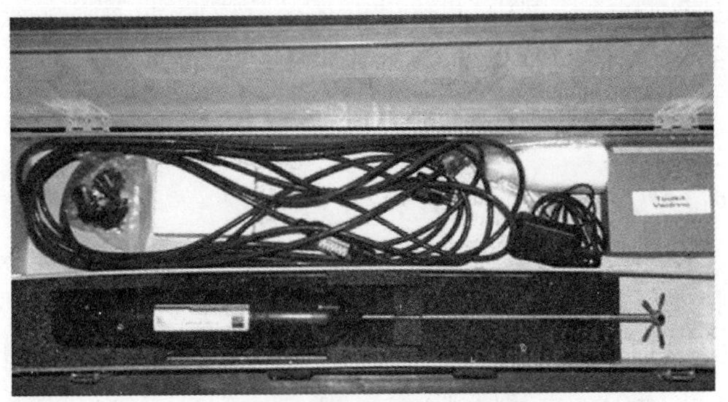

图 2.4 ADV 超声波三维流速仪

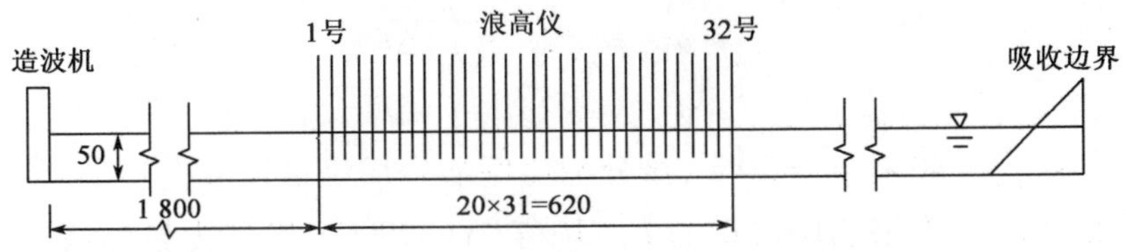

图 2.5 浪高仪在水槽中的布置示意图(尺寸单位:cm)

3)流速仪布置

为了测量畸形波波峰位置水质点速度沿水深的垂线分布,在畸形波预定生成位置处(该试验研究采用双波列叠加模型,可以实现畸形波定点生成),从上到下依次共布置 8 台 ADV 流速仪。8 台流速仪分别布置在距离水底 10cm,15cm,20cm,28.5cm,50cm,52.5cm,55cm 和 57.5cm 处的位置,流速测点对应的相对水深 z/d 分别为:0.2,0.3,0.4,0.57,1.0,1.05,1.1 和 1.15,试验水深为 50cm。其中,z 表示流速测点距离水底的距离。流速仪在试验水槽中的总体布置如图 2.6 所示。

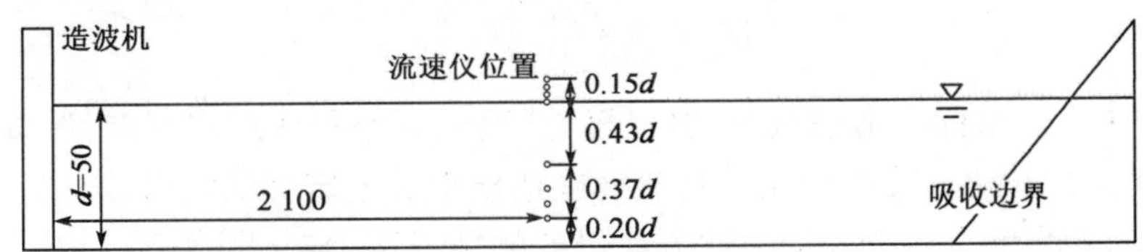

图 2.6 流速仪布置示意图(尺寸单位:cm)

2.1.3 物理模拟方法

使用双波列叠加模型[65]可计算造波板的驱动信号,在波浪水槽中实现畸形波的可控制生成。在该模型中,目标谱能量被分成两部分,一部分能量分配给瞬态波列,另一部分分配给常规随机波列。该模型波面描述见式(2.1):

$$\begin{aligned}\eta(x,t) &= \eta_1(x,t) + \eta_2(x,t) = \sum_{i=1}^{M}\eta_{1i}(x,t) + \sum_{i=1}^{M}\eta_{2i}(x,t)\\ &= \sum_{i=1}^{M}a_{1i}\cos(k_i x - \omega_i t + \varepsilon_i) + \sum_{i=1}^{M}a_{2i}\cos[k_i(x - x_c) - \omega_i(t - t_c)]\end{aligned} \tag{2.1}$$

式中,$\eta(x,t)$为距离造波板x处的波面时间过程;$\eta_1(x,t)$和$\eta_2(x,t)$分别为常规随机波列和瞬态波列的波面时间过程;a_{1i}和a_{2i}分别为两波列第i个组成波的振幅,由式(2.2)和式(2.3)确定;k_i,ω_i(ω_i在第i个频域区间上随机选取,为避免波浪以周期$2\pi/\Delta\omega$重复出现)和ε_i($0\sim2\pi$内均匀分布)分别为第i个组成波的波数,角频率和随机初相位;x_c和t_c分别为瞬态波的聚焦时间和位置。

$$a_{1i} = \sqrt{2p_1 S(f)\Delta f} \tag{2.2}$$

$$a_{2i} = \sqrt{2p_2 S(f)\Delta f} \tag{2.3}$$

式中,$p_1=80\%$,$p_2=20\%$,该分配比例能生成满足定义的畸形波[65];$S(f)$为谱密度函数,本书选用修正的$P—M$谱(Yu,2000)[96]作为目标谱,表达式见式(2.4)~式(2.6)。

$$S(f) = Af^{-5}\exp(-Bf^{-4}) \tag{2.4}$$

$$A = 0.017\,7H_s^2T^{-4} \tag{2.5}$$

$$B = 0.444\,3T^{-4} \tag{2.6}$$

式中,T为平均周期;H_s为有效波高。根据造波原理,造波板的驱动信号$S_0(t)$的表达见式(2.7)。

$$S_0(t) = \sum_{i=1}^{M}\frac{\eta_{1i}(t) + \eta_{2i}(t)}{W_i} \tag{2.7}$$

式中,W_i为第i个组成波的传递函数,见式(2.8)。

$$W_i = \frac{4\sinh^2 k_i d}{\sinh 2k_i d + 2k_i d} \tag{2.8}$$

式中,d为水深。造波板驱动信号计算完成后导入造波控制软件,即可实现畸形波的物理模拟,该方法能够高效准确地模拟满足定义的畸形波。

图2.7给出了一组采用上述方法得到的畸形波物理模拟结果示例。

该组试验水深固定为50cm(平底),目标谱为修正的$P—M$谱,有效波高$H_s=5.50$cm,波列的谱峰周期$T_p=2.40$s。预定畸形波生成空间位置为距离造波机2 100cm处,预定畸形波生成时间为开始造波后第67.5s。

物理模拟畸形波特征参数分别为:波高$H_0=14.14$cm,波峰高度$\eta_0=$

10.31cm,波高与有效波高的比 $\alpha_1=2.39$,波高与前一相邻波高的比 $\alpha_2=2.08$,波高与后一个相邻波高的比 $\alpha_3=3.00$,波峰与波高的比 $\alpha_4=0.73$。

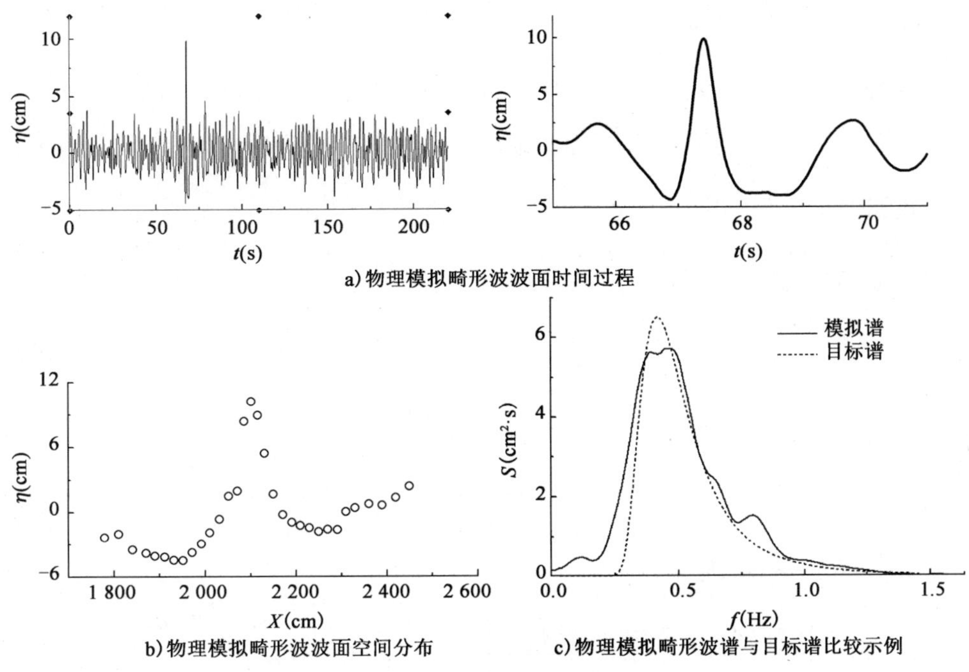

b) 物理模拟畸形波波面空间分布

c) 物理模拟畸形波谱与目标谱比较示例

图 2.7　物理模拟畸形波示例

上述参数完全符合畸形波的严格定义。至此,畸形波的物理模拟成功实现。

从图 2.7c) 中可以看出,包含畸形波波列的傅里叶能量谱与目标谱相比,包含更多的高频和低频成分,表明存在波—波非线性相互作用。

2.2　畸形波数值模拟

控制方程选用连续方程,雷诺时均 N—S 方程,以 k—ε 双方程湍流模型封闭。采用改进的 VOF 方法捕捉流体自由表面,给定恰当初始、边界值条件,建立 2-D 波浪数值模型。

2.2.1　控制方程

考虑到畸形波的波陡很大,在其形成过程中能量不断汇聚,可能发生波浪破碎,水质点运动会出现紊动掺混,因此需要考虑适当的湍流模型。对非稳态的 Navier-Stokes 方程进行时间平均运算,得到雷诺时均方程,并利用目前应用范围广、检验程度较高的 $k—\varepsilon$ 模型建立紊流脉动值附加项与其他时均值之间的联系,来封闭雷诺时均方程,与连续方程一起作为控制方程,见式(2.9)~式(2.13)。

连续方程:

$$\frac{\partial}{\partial x}(\theta u)+\frac{\partial}{\partial y}(\theta v)=0 \tag{2.9}$$

雷诺时均方程:

$$\frac{\partial u}{\partial t}+u\frac{\partial u}{\partial x}+v\frac{\partial u}{\partial y}=-\frac{1}{\rho}\frac{\partial p}{\partial x}+g_x+\nu\left(\frac{\partial^2 u}{\partial x^2}+\frac{\partial^2 u}{\partial y^2}\right)+\nu_t\left(\frac{\partial^2 u}{\partial x^2}+\frac{\partial^2 u}{\partial y^2}\right)+ 2\frac{\partial \nu_t}{\partial x}\frac{\partial u}{\partial x}+\frac{\partial \nu_t}{\partial y}\left(\frac{\partial u}{\partial y}+\frac{\partial v}{\partial x}\right)-\frac{2}{3}\frac{\partial k}{\partial x} \tag{2.10}$$

$$\frac{\partial v}{\partial t}+u\frac{\partial v}{\partial x}+v\frac{\partial v}{\partial y}=-\frac{1}{\rho}\frac{\partial p}{\partial y}+g_y+\nu\left(\frac{\partial^2 v}{\partial x^2}+\frac{\partial^2 v}{\partial y^2}\right)+\nu_t\left(\frac{\partial^2 v}{\partial x^2}+\frac{\partial^2 v}{\partial y^2}\right)+ 2\frac{\partial \nu_t}{\partial y}\frac{\partial v}{\partial y}+\frac{\partial \nu_t}{\partial x}\left(\frac{\partial u}{\partial y}+\frac{\partial v}{\partial x}\right)-\frac{2}{3}\frac{\partial k}{\partial y} \tag{2.11}$$

双方程 $k—\varepsilon$ 模型:

$$\frac{\partial k}{\partial t}+u\frac{\partial k}{\partial x}+v\frac{\partial k}{\partial y}=\left(\nu+\frac{\nu_t}{\sigma_k}\right)\left(\frac{\partial^2 k}{\partial x^2}+\frac{\partial^2 k}{\partial y^2}\right)+\frac{1}{\sigma_k}\left(\frac{\partial \nu_t}{\partial x}\frac{\partial k}{\partial x}+\frac{\partial \nu_t}{\partial y}\frac{\partial k}{\partial y}\right)+ 2\nu_t\left[\left(\frac{\partial u}{\partial x}\right)^2+\left(\frac{\partial v}{\partial y}\right)^2\right]+\nu_t\left(\frac{\partial u}{\partial y}+\frac{\partial v}{\partial x}\right)^2-\varepsilon \tag{2.12}$$

$$\frac{\partial \varepsilon}{\partial t}+u\frac{\partial \varepsilon}{\partial x}+v\frac{\partial \varepsilon}{\partial y}=\left(\nu+\frac{\nu_t}{\sigma_\varepsilon}\right)\left(\frac{\partial^2 \varepsilon}{\partial x^2}+\frac{\partial^2 \varepsilon}{\partial y^2}\right)+\frac{1}{\sigma_\varepsilon}\left(\frac{\partial \nu_t}{\partial x}\frac{\partial \varepsilon}{\partial x}+\frac{\partial \nu_t}{\partial y}\frac{\partial \varepsilon}{\partial y}\right)+2C_{\varepsilon 1}\frac{\varepsilon}{k}+ \nu_t\left[\left(\frac{\partial u}{\partial x}\right)^2+\left(\frac{\partial v}{\partial y}\right)^2\right]+C_{\varepsilon 1}\frac{\varepsilon}{k}\nu_t\left(\frac{\partial u}{\partial y}+\frac{\partial v}{\partial x}\right)^2-C_{\varepsilon 2}\frac{\varepsilon^2}{k} \tag{2.13}$$

式中,u 和 v 分别为 x 和 y 方向的速度分量;θ 为部分单元参数,不依赖于时间,依据网格中流体的比例,它的值取在 0 ~ 1 之间;p 为流体压力;ρ 为流体的密度;ν 为流体的运动粘滞系数;$\nu_t=C_u(k^2/\varepsilon)$ 为湍动粘滞系数;k 为湍动能;ε 表示湍动能耗散率;$k—\varepsilon$ 方程中的经验参数分别选为:$C_u=0.09$,$\sigma_k=1.0$,$\sigma_\varepsilon=1.3$,$\sigma_{\varepsilon 1}=1.43$,$C_{\varepsilon 2}=1.92$(Rodi,1993)[97]。

2.2.2 计算网格的划分

本书采用有限差分方法求解控制方程,差分网格选用交错网格。图 2.8 给出了有限差分计算的网格系统,它由大小不同的矩形结构化单元格组成(在研究区域加密）。为了方便处理边界条件，在边界网格的周围增设一层虚拟网格（图中虚线部分），该层虚拟网格不参与数值迭代计算，仅用于设置边界条件使用。

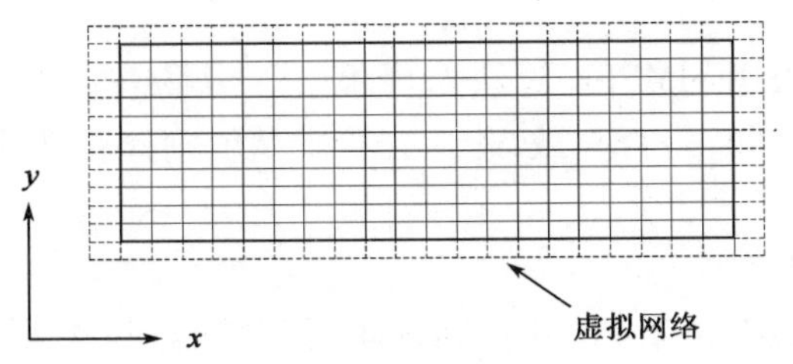

图 2.8　网格划分示意图

x 方向划分 1 600 个单元格，在非吸收区域内，单元格 x 方向间距 dx 为 5cm，在吸收区域内，单元格 x 方向间距 dx 为 10cm，吸收区域的长度 $\lambda = 30$m；针对不同的水深条件，y 方向网格划分有所变化，水深 $d \leqslant 50$cm 时，单元格 y 方向间距 $dy = 2.5$cm，水深 $d \geqslant 50$cm 时，为了保证计算精度的同时又提高计算效率，将计算域在 y 方向上划分成两层：第一层从水面到水深 50cm 之间，网格间距 $dy = 2.5$cm；第二层从水深 50cm 处到水底部分，网格间距 $dy = 10$cm。

当压力值与速度值同时定义在网格中心节点时，离散一阶对流项和压力梯度项会出现不合理的物理效应。为了解决上述问题，差分网格选用交错网格，如图 2.9 所示。交错网格就是将标量（如压力 p，体积函数 F，湍动能 k 和动能耗散率 ε 等）信息在正常的网格节点上存储和计算，而将速度分量 u、v 在错位后的网格上存储和计算，错位后网格的中心位于原控制体积的边界面上。

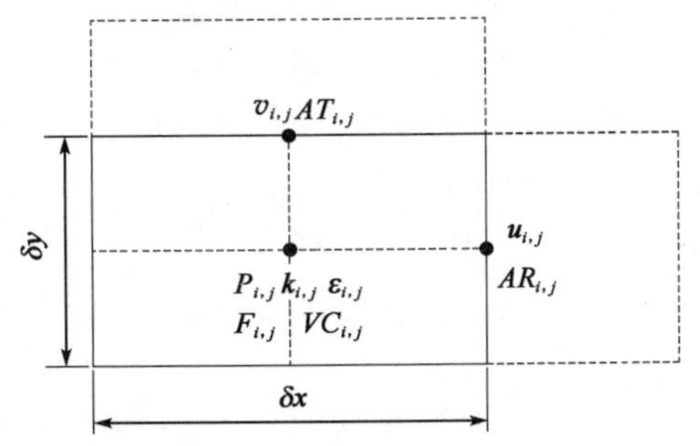

图 2.9　交错网格示意图

另外，还定义了 AR、AT、VC 等参数，AR 和 AT 分别表示单元右侧面和顶面可以通过流体的部分占整个面的比例，VC 表示整个单元流体的比例。对于不含有边界的单元上述参数都为 1。对于包含边界的单元，根据具体的边界情况计算。

2.2.3　控制方程的离散

1）连续方程的离散

连续方程式(2.9),采用中心差分格式离散为:

$$\frac{\dfrac{u_{i,j}^{n+1}AR_{i,j}-u_{i-1,j}^{n+1}AR_{i-1,j}}{\delta x_i}+\dfrac{v_{i,j}^{n+1}AT_{i,j}-v_{i,j-1}^{n+1}AT_{i,j-1}}{\delta y_j}}{AC_{i,j}}=0 \tag{2.14}$$

求解过程中,采用 SIMPLE 算法迭代求解压力场和速度场。将每次迭代结果带入连续方程来判断是否收敛,若达到要求精度则停止迭代,否则将返回进入下一次迭代计算。

2)动量方程的离散

对于式(2.10)和式(2.11)中的对流项,内部计算网格采用三阶迎风格式离散,边界单元网格采用一阶迎风格式和二阶中心差分格式线性组合的偏心差分格式离散。对于粘性项,采用中心差分格式离散。以 x 方向为例,动量方程的差分格式为:

$$u_{i,j}^{n+1}=u_{i,j}^{n}+\delta_t\left[g_x-\frac{2(p_{i+1,j}^{n+1}-p_{i,j}^{n+1})}{\rho(\delta x_i+\delta x_{i+1})}-FUX_{i,j}-FUY_{i,j}+VISX_{i,j}+TUBX_{i,j}\right] \tag{2.15}$$

对于对流项的三阶迎风格式,当 $u_{i,j}>0$ 时,有:

$$FUX_{i,j}=\left(u\frac{\partial u}{\partial x}\right)_{i,j}=\frac{u_{i,j}}{\delta x_i}[u_{i,j}+\phi_1^{\mathrm{L}}(u_{i,j}-u_{i-1,j})+\phi_2^{\mathrm{L}}(u_{i+1,j}-u_{i,j})-u_{i-1,j}-\phi_3^{\mathrm{L}}(u_{i-1,j}-u_{i-2,j})-\phi_4^{\mathrm{L}}(u_{i,j}-u_{i-1,j})] \tag{2.16}$$

对于对流项的三阶迎风格式,当 $u_{i,j}<0$ 时,有:

$$FUX_{i,j}=\left(u\frac{\partial u}{\partial x}\right)_{i,j}=\frac{u_{i,j}}{\delta x_{i+1}}[u_{i,j}+(1-\phi_2^{\mathrm{R}})(u_{i+1,j}-u_{i,j})-\phi_1^{\mathrm{R}}(u_{i+2,j}-u_{i+1,j})-u_{i-1,j}-(1-\phi_4^{\mathrm{R}})(u_{i,j}-u_{i-1,j})+\phi_3^{\mathrm{R}}(u_{i+1,j}-u_{i,j})] \tag{2.17}$$

式中,

$$\phi_1^{\mathrm{L}}=\frac{\delta x_i\delta x_{i+1}}{(\delta x_{i-1}+\delta x_i+\delta x_{i+1})(\delta x_{i-1}+\delta x_i)}$$

$$\phi_2^{\mathrm{L}}=\frac{\delta x_i(\delta x_{i-1}+\delta x_i)}{(\delta x_{i-1}+\delta x_i+\delta x_{i+1})(\delta x_i+\delta x_{i+1})}$$

$$\phi_3^{\mathrm{L}}=\frac{\delta x_{i-1}\delta x_i}{(\delta x_{i-2}+\delta x_{i-1}+\delta x_i)(\delta x_{i-2}+\delta x_{i-1})}$$

$$\phi_4^{\mathrm{L}}=\frac{\delta x_{i-1}(\delta x_{i-2}+\delta x_{i-1})}{(\delta x_{i-2}+\delta x_{i-1}+\delta x_i)(\delta x_{i-1}+\delta x_i)}$$

$$\phi_1^{\mathrm{R}}=\frac{\delta x_i\delta x_{i+1}}{(\delta x_i+\delta x_{i+1}+\delta x_{i+2})(\delta x_{i+1}+\delta x_{i+2})}$$

$$\phi_2^R = \frac{\delta x_{i+1}(\delta x_{i+1} + \delta x_{i+2})}{(\delta x_i + \delta x_{i+1} + \delta x_{i+2})(\delta x_i + \delta x_{i+1})}$$

$$\phi_3^R = \frac{\delta x_{i-1}\delta x_i}{(\delta x_{i-1} + \delta x_i + \delta x_{i+1})(\delta x_i + \delta x_{i+1})}$$

$$\phi_4^R = \frac{\delta x_i(\delta x_i + \delta x_{i+1})}{(\delta x_{i-1} + \delta x_i + \delta x_{i+1})(\delta x_{i-1} + \delta x_i)}$$

当网格右侧中心点的垂向速度 $v^* > 0$ 时，有：

$$FUY_{i,j} = \left(v\frac{\partial u}{\partial y}\right)_{i,j} = \frac{v^*}{\partial y_{j-\frac{1}{2}}}[u_{i,j} + \varphi_1^L(u_{i,j} - u_{i,j-1}) + \varphi_2^L(u_{i,j+1} - u_{i,j}) - u_{i,j-1} - \varphi_3^L(u_{i,j-1} - u_{i,j-2}) - \varphi_4^L(u_{i,j} - u_{i,j-1})] \tag{2.18}$$

当网格右侧中心点的垂向速度 $v^* < 0$ 时，有：

$$FUY_{i,j} = \left(v\frac{\partial u}{\partial y}\right)_{i,j} = \frac{v^*}{\partial y_{j+\frac{1}{2}}}[u_{i,j} + (1 - \varphi_2^R)(u_{i,j+1} - u_{i,j}) + \varphi_1^R(u_{i,j+2} - u_{i,j+1}) - u_{i,j-1} - (1 - \varphi_4^R)(u_{i,j} - u_{i,j-1}) + \varphi_3^R(u_{i,j+1} - u_{i,j})] \tag{2.19}$$

其中，在网格右侧中心点的垂向速度 v^*，可由与其相邻四个节点的垂向速度取平均值得到：

$$v^* = \frac{\delta x_i(v_{i+1,j} + v_{i+1,j-1}) + \delta x_{i+1}(v_{i,j} + v_{i,j-1})}{2(\delta x_i + \delta x_{i+1})} \tag{2.20}$$

另外，还有：

$$\varphi_1^L = \frac{\delta y_{j-\frac{1}{2}}\delta y_{j+\frac{1}{2}}}{\left(\delta y_{j-\frac{3}{2}} + \delta y_{j-\frac{1}{2}} + \delta y_{j+\frac{1}{2}}\right)\left(\delta y_{j-\frac{3}{2}} + \delta y_{j-\frac{1}{2}}\right)}$$

$$\varphi_2^L = \frac{\delta y_{j-\frac{1}{2}}\left(\delta y_{j-\frac{3}{2}} + \delta y_{j-\frac{1}{2}}\right)}{\left(\delta y_{j-\frac{3}{2}} + \delta y_{j-\frac{1}{2}} + \delta y_{j+\frac{1}{2}}\right)\left(\delta y_{j-\frac{1}{2}} + \delta y_{j+\frac{1}{2}}\right)}$$

$$\varphi_3^L = \frac{\delta y_{j-\frac{3}{2}}\delta y_{j-\frac{1}{2}}}{\left(\delta y_{j-\frac{5}{2}} + \delta y_{j-\frac{3}{2}} + \delta y_{j-\frac{1}{2}}\right)\left(\delta y_{j-\frac{5}{2}} + \delta y_{j-\frac{3}{2}}\right)}$$

$$\varphi_4^L = \frac{\delta y_{j-\frac{3}{2}}\left(\delta y_{j-\frac{5}{2}} + \delta y_{j-\frac{3}{2}}\right)}{\left(\delta y_{j-\frac{5}{2}} + \delta y_{j-\frac{3}{2}} + \delta y_{j-\frac{1}{2}}\right)\left(\delta y_{j-\frac{3}{2}} + \delta y_{j-\frac{1}{2}}\right)}$$

$$\varphi_1^R = \frac{\delta y_{j-\frac{1}{2}}\delta y_{j+\frac{1}{2}}}{\left(\delta y_{j-\frac{1}{2}} + \delta y_{j+\frac{1}{2}} + \delta y_{j+\frac{3}{2}}\right)\left(\delta y_{j+\frac{1}{2}} + \delta y_{j+\frac{3}{2}}\right)}$$

$$\varphi_2^{\mathrm{R}} = \frac{\delta y_{j+\frac{1}{2}}\left(\delta y_{j+\frac{1}{2}} + \delta y_{j+\frac{3}{2}}\right)}{\left(\delta y_{j-\frac{1}{2}} + \delta y_{j+\frac{1}{2}} + \delta y_{j+\frac{3}{2}}\right)\left(\delta y_{j-\frac{1}{2}} + \delta y_{j+\frac{1}{2}}\right)}$$

$$\varphi_3^{\mathrm{R}} = \frac{\delta y_{j-\frac{3}{2}}\delta y_{j-\frac{1}{2}}}{\left(\delta y_{j-\frac{3}{2}} + \delta y_{j-\frac{1}{2}} + \delta y_{j+\frac{1}{2}}\right)\left(\delta y_{j-\frac{1}{2}} + \delta y_{j+\frac{1}{2}}\right)}$$

$$\varphi_4^{\mathrm{R}} = \frac{\delta y_{j-\frac{1}{2}}\left(\delta y_{j-\frac{1}{2}} + \delta y_{j+\frac{1}{2}}\right)}{\left(\delta y_{j-\frac{3}{2}} + \delta y_{j-\frac{1}{2}} + \delta y_{j+\frac{1}{2}}\right)\left(\delta y_{j-\frac{3}{2}} + \delta y_{j-\frac{1}{2}}\right)}$$

对于对流项的一阶迎风格式和二阶中心差分格式线性组合的偏心差分格式为：

$$FUX_{i,j} = \left(u\frac{\partial u}{\partial x}\right)_{i,j} = \frac{u_{i,j}}{\delta x_\alpha}\left\{\frac{\delta x_{i+1}}{\delta x_i}(u_{i,j} - u_{i-1,j}) + \frac{\delta x_i}{\delta x_{i+1}}(u_{i+1,j} - u_{i,j}) + \alpha\cdot sign(u_{i,j})\left[\frac{\delta x_{i+1}}{\delta x_i}(u_{i,j} - u_{i-1,j}) - \frac{\delta x_i}{\delta x_{i+1}}(u_{i+1,j} - u_{i,j})\right]\right\} \tag{2.21}$$

式中，

$$\delta x_\alpha = \delta x_{i+1} + \delta x_i + \alpha\cdot sign(u_{i,j}^n)(\delta x_{i+1} - \delta x_i)$$

式(2.21)中的参数 α 是控制迎风差分量的参数，当 $\alpha=0$ 时，上述差分方程式变为二阶中心差分格式；当 $\alpha=1$ 时，差分方程退化为一阶迎风差分格式。本书中 α 取0.4。式中 *sign* 是符号函数的记号：

$$sign(u) = \begin{cases} 1 & u > 0 \\ -1 & u < 0 \end{cases} \tag{2.22}$$

$$FUY_{i,j} = \left(v\frac{\partial u}{\partial y}\right)_{i,j} = \frac{v^*}{\delta y_\alpha}\left\{\frac{\delta y_{j+\frac{1}{2}}}{\delta y_{j-\frac{1}{2}}}(u_{i,j} - u_{i-1,j-1}) - \frac{\delta y_{j-\frac{1}{2}}}{\delta y_{j+\frac{1}{2}}}(u_{i,j+1} - u_{i,j}) + \alpha\cdot sign(v^*)\left[\frac{\delta y_{j+\frac{1}{2}}}{\delta y_{j-\frac{1}{2}}}(u_{i,j} - u_{i,j-1}) - \frac{\delta y_{j-\frac{1}{2}}}{\delta y_{j+\frac{1}{2}}}(u_{i,j+1} - u_{i,j})\right]\right\} \tag{2.23}$$

式中，

$$\delta y_\alpha = \delta y_{j+\frac{1}{2}} - \delta y_{j-\frac{1}{2}} + \alpha\cdot sign(v^*)\left(\delta y_{j+\frac{1}{2}} - \delta y_{j-\frac{1}{2}}\right)$$

$$\delta y_{j+\frac{1}{2}} = y_{j+1} - y_j, \delta y_{j-\frac{1}{2}} = y_j - y_{j-1}$$

对于粘性项的中心差分格式：

$$VISX_{i,j} = \left[v\left(\frac{\partial^2 u}{\partial x^2} + \frac{\partial^2 u}{\partial y^2}\right)\right]_{i,j} = v\left\{\frac{2}{\delta x_i + \delta x_{i+1}}\left[\frac{u_{i+1,j} - u_{i,j}}{\delta x_{i+1}} - \frac{u_{i,j} - u_{i-1,j}}{\delta x_i}\right] + \right.$$

$$\frac{2}{\delta y_{j-\frac{1}{2}}+\delta y_{j+\frac{1}{2}}}\left[\frac{u_{i,j+1}-u_{i,j}}{\delta y_{j+\frac{1}{2}}}-\frac{u_{i,j}-u_{i,j-1}}{\delta y_{j-\frac{1}{2}}}\right]\Bigg\} \tag{2.24}$$

$$TUBX_{i,j}=\left[v_t\left(\frac{\partial^2 u}{\partial x^2}+\frac{\partial^2 u}{\partial y^2}\right)+2\frac{\partial v_t}{\partial x}\frac{\partial u}{\partial x}+\frac{\partial v_t}{\partial y}\left(\frac{\partial u}{\partial y}+\frac{\partial v}{\partial x}\right)-\frac{2}{3}\frac{\partial k}{\partial x}\right]_{i,j} \tag{2.25}$$

同理,可将垂直方向的动量方程离散为:

$$v_{i,j}^{n+1}=v_{i,j}^{n}+\delta t\left(g_y-\frac{p_{i,j+\frac{1}{2}}^{n+1}-p_{i,j-\frac{1}{2}}^{n+1}}{\rho\delta y_j}-FVX_{i,j}-FVY_{i,j}+VISY_{i,j}+TUBY_{i,j}\right) \tag{2.26}$$

根据 y 方向的动量方程可以推导出相应的 $FVX_{i,j}$, $FVY_{i,j}$, $VISY_{i,j}$, $TUBY_{i,j}$,这里不再赘述。

3)湍流模型的离散

为了保证湍动能 k 和动能耗散率 ε 的值恒为正,对其进行隐式线性化处理。对式(2.12)隐式线性化处理后可得:

$$k_{i,j}^{n+1}=\frac{1}{1+\dfrac{2\varepsilon_{i,j}\delta_t}{k_{i,j}}}\left[k_{i,j}+\delta t(-FKX-FKY+VISK+SOUK)_{i,j}\right] \tag{2.27}$$

$$\begin{aligned}FKX_{i,j}=\left(u\frac{\partial u}{\partial x}\right)_{i,j}&=\frac{u_{i,j}+u_{i-1,j}}{2\delta x'_a}\left[\delta x_{i+\frac{1}{2}}\left(\frac{\partial k}{\partial x}\right)_{i-\frac{1}{2},j}+\delta x_{i-\frac{1}{2},j}\left(\frac{\partial k}{\partial x}\right)_{i+\frac{1}{2},j}\right]+\\&\alpha\cdot sign\left(\frac{u_{i,j}+u_{i-1,j}}{2\delta x'_a}\right)\left[\delta x_{i+\frac{1}{2}}\left(\frac{\partial k}{\partial x}\right)_{i-\frac{1}{2},j}-\delta x_{i-\frac{1}{2},j}\left(\frac{\partial k}{\partial x}\right)_{i+\frac{1}{2},j}\right]\end{aligned} \tag{2.28}$$

式中,

$$\delta x'_a=\delta x_{i-\frac{1}{2}}+\delta x_{i+\frac{1}{2}}+\alpha\cdot sign\left(\frac{u_{i+\frac{1}{2},j}+u_{i-\frac{1}{2},j}}{2}\right)(\delta x_{i+\frac{1}{2}}-\delta x_{i-\frac{1}{2}})$$

$$\left(\frac{\partial k}{\partial x}\right)_{i+\frac{1}{2},j}=\frac{k_{i+1,j}-k_{i,j}}{\delta x_{i+\frac{1}{2}}}$$

类似地,还可以写出 $FKY_{i,j}$。

$$\begin{aligned}VISK_{i,j}&=\left[\left(v+\frac{v_t}{\sigma_k}\right)\left(\frac{\partial^2 k}{\partial x^2}+\frac{\partial^2 k}{\partial y^2}\right)\right]_{i,j}\\&=\left[v+\frac{(v_t)_{i,j}}{\sigma_k}\right]\left[\frac{\left(\frac{\partial k}{\partial x}\right)_{i+\frac{1}{2},j}-\left(\frac{\partial k}{\partial x}\right)_{i-\frac{1}{2},j}}{\delta x_i}+\frac{\left(\frac{\partial k}{\partial y}\right)_{i,j+\frac{1}{2}}-\left(\frac{\partial k}{\partial y}\right)_{i,j-\frac{1}{2}}}{\delta y_i}\right]\end{aligned} \tag{2.29}$$

$$SOUK_{i,j}=\left\{\frac{1}{\sigma_k}\left(\frac{\partial v_t}{\partial x}\frac{\partial k}{\partial x}+\frac{\partial v_t}{\partial y}\frac{\partial k}{\partial y}\right)+2v_t\left[\left(\frac{\partial u}{\partial x}\right)^2+\left(\frac{\partial v}{\partial y}\right)^2\right]+v_t\left[\left(\frac{\partial u}{\partial y}+\frac{\partial v}{\partial x}\right)^2\right]+\varepsilon\right\}_{i,j} \tag{2.30}$$

对 ε 方程进行隐式线性化处理的结果为：

$$\varepsilon_{i,j}^{n+1} = \frac{1}{1+\dfrac{2C_{\varepsilon2}\varepsilon_{i,j}\delta t}{k_{i,j}}}\{\varepsilon_{i,j} + \delta t[-F\varepsilon X - F\varepsilon Y + VIS\varepsilon + SOU\varepsilon]\}_{i,j} \quad (2.31)$$

式中：

$$F\varepsilon X_{i,j} = \left(u\frac{\partial\varepsilon}{\partial x}\right)_{i,j}$$

$$F\varepsilon Y_{i,j} = \left(v\frac{\partial\varepsilon}{\partial y}\right)_{i,j}$$

$$VIS\varepsilon_{i,j} = \left[\left(v+\frac{v_t}{\sigma_\varepsilon}\right)\left(\frac{\partial^2\varepsilon}{\partial x^2}+\frac{\partial^2\varepsilon}{\partial y^2}\right)\right]_{i,j}$$

$$SOU\varepsilon_{i,j} = \left\{\frac{1}{\sigma_\varepsilon}\left(\frac{\partial v_t}{\partial x}\frac{\partial\varepsilon}{\partial x}+\frac{\partial v_t}{\partial y}\frac{\partial\varepsilon}{\partial y}\right)+2C_{\varepsilon1}\frac{\varepsilon}{k}v_t\left[\left(\frac{\partial u}{\partial x}\right)^2+\left(\frac{\partial v}{\partial y}\right)^2\right]+ C_{\varepsilon1}\frac{\varepsilon}{k}v_t\left(\frac{\partial u}{\partial y}+\frac{\partial v}{\partial x}\right)^2+C_{\varepsilon2}\frac{\varepsilon^2}{k}\right\}_{i,j} \quad (2.32)$$

4）速度—压力修正方程

如果根据动量方程求得的速度不能满足连续方程，则需要多次迭代计算速度和压力，直到满足连续方程要求。对于内部流体单元和自由表面单元分别采用以下两种方式修正压力值。

（1）内部流体单元。

$$\delta p = -\frac{s}{\dfrac{\partial s}{\partial p}} = -s\beta \quad (2.33)$$

式中，s 为连续方程右端不为零源项第 $m-1$ 次的迭代值。

$$\beta = \frac{1.0}{\dfrac{\partial s}{\partial p}} \quad (2.34)$$

β 为与网格参数及时间步长有关的量，表达式为：

$$\beta = \frac{\rho AC_{i,j}}{2\delta_t(\lambda_{i+\frac{1}{2}}+\lambda_{i-\frac{1}{2}}+\zeta_{j+\frac{1}{2}}+\zeta_{j-\frac{1}{2}})} \quad (2.35)$$

式中，

$$\lambda_{i+\frac{1}{2}} = \frac{AR_{i+\frac{1}{2},j}}{\delta x_i(\delta x_{i+1}+\delta x_i)}$$

$$\lambda_{i-\frac{1}{2}} = \frac{AR_{i-\frac{1}{2},j}}{\delta x_i(\delta x_{i-1}+\delta x_i)}$$

$$\zeta_{j+\frac{1}{2}} = \frac{AT_{i,j+\frac{1}{2}}}{\delta y_j(\delta y_{j+1} + \delta y_j)}$$

$$\zeta_{j-\frac{1}{2}} = \frac{AT_{i,j-\frac{1}{2}}}{\delta y_j(\delta y_{j-1} + \delta y_j)}$$

为了提高计算精度,通常引入松弛因子 $\omega(\omega > 1)$,则修正方程变为:

$$\delta p = - s\beta\omega \tag{2.36}$$

(2)自由表面单元。

自由表面单元的压力值由自由表面处的压力和相应的插值单元的压力经线性插值得到,见图 2.10。

对应的插值公式为:

$$p_{i,j} = (1 - \beta)p_n + \beta p_s \tag{2.37}$$

式中,p_n 为相邻插值单元的压力,p_s 表示自由表面处的压力,多数情况下取为零,$\beta = d_c/d$ 表示插值因子,d_c 为自由表面单元网格中心到插值单元网格中心的距离,d 为自由表面到插值单元网格中心的距离。

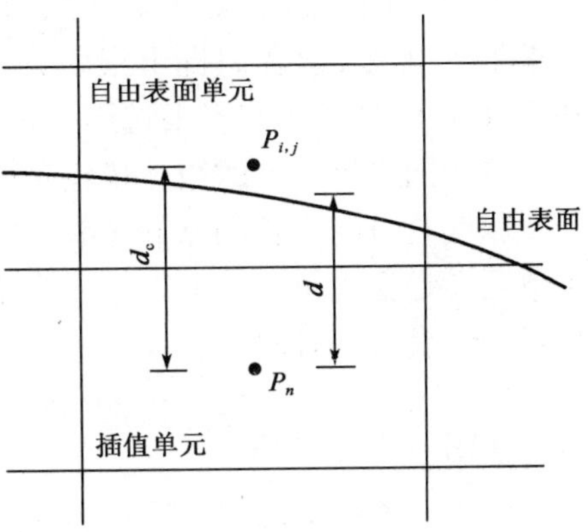

图 2.10 自由表面单元的压力插值示意图

在 SIMPLE 迭代过程中,流体单元采用如下的速度修正方程:

$$u^m_{i+\frac{1}{2},j} = u^{m-1}_{i+\frac{1}{2},j} + \frac{\delta t \delta p}{\rho(x_{i+1} - x_i)} \tag{2.38}$$

$$u^m_{i-\frac{1}{2},j} = u^{m-1}_{i-\frac{1}{2},j} - \frac{\delta t \delta p}{\rho(x_i - x_{i-1})} \tag{2.39}$$

$$v^m_{i,j+\frac{1}{2}} = v^{m-1}_{i,j+\frac{1}{2}} + \frac{\delta t \delta p}{\rho(y_{i+1} - y_i)} \tag{2.40}$$

$$v^m_{i,j-\frac{1}{2}} = v^{m-1}_{i,j-\frac{1}{2}} - \frac{\delta t \delta p}{\rho(y_i - y_{i-1})} \tag{2.41}$$

式中,m 为迭代次数。迭代须进行到所有网格的 s 都满足一定的精度要求为止。

2.2.4 自由表面追踪

VOF(volume of fluid)方法是一种非常有效的捕捉自由表面的方法。在该方法中,引入一个体积函数 $F(x, y, t)$,当单元体充满流体时 F 值为 1,当单元体

为空单元时 F 值为0。单元体的 F 值在0～1时,为含有自由表面的单元。这些单元与自由表面相交,或者含有比单元体小的气泡。自由表面单元定义为 F 值不为0,且与它相邻的单元中之少有一个 F 值为0的空单元[98]。

F 函数随时间变化的控制方程可表示为:

$$\frac{\partial(\theta F)}{\partial t}+\frac{\partial(\theta uF)}{\partial x}+\frac{\partial(\theta vF)}{\partial y}=0 \tag{2.42}$$

式中,u 和 v 分别为 x 和 y 方向的速度分量;θ 表示部分单元参数,不依赖于时间,依据网格中流体的比例,它的值取在0～1之间。

根据 F 函数的定义可知,它是个阶梯函数,常用的差分格式无法求解。为了求解 F 函数,学者们提出很多方法,如直接流量输运法、Donor-Acceptor 方法和 FCT-VOF 方法等。本书选用 Donor-Acceptor 方法。

单元网格界面上的流体传输量取决于施主单元和受主单元网格内流体的分布及速度与时间步长的乘积 $U\delta t$,通过网格相邻交界面上的速度方向确定是施主单元还是受主单元。上游单元为施主单元,下游单元为受主单元,F 值分别用 F_{D} 和 F_{A} 表示。时间步长 δt 内,通过单元网格界面的流体传输量为:

$$\Delta V=\min(F_{\mathrm{A(D)}}|U\delta t|+CF,F_{\mathrm{D}}\delta x) \tag{2.43}$$

式中,

$$CF=\max[(1.0-F_{\mathrm{A(D)}})|U\delta t|-(1.0-F_{\mathrm{D}})\delta x,0.0] \tag{2.44}$$

式(2.43)取最小值,是为了防止计算的流体传输量超过了施主单元所能提供的最大流体量;式(2.44)取最大值,目的是当计算所需的非流体量超过了施主单元所能提供的最大非流体量时,则需要考虑附加流体量。根据上述过程求出 ΔV 值后就可以求出新时刻施主单元和受主单元的 F 值。将这一过程应用于区域内所有单元格后,对应的新时刻的 F 分布仍然满足方程(2.42),且保持 F 函数所具有的特征。

2.2.5 边界条件设置

1)造波边界

(1)孤立波生成。

根据造波理论,若想产生沿 x 方向传播的孤立波,造波边界速度应满足:

$$U_0(t)=\frac{c\eta_0(\zeta,t)}{d+\eta_0(\zeta,t)} \tag{2.45}$$

式中,$U_0(t)$ 为造波边界速度;d 为造波边界处水深;c 为孤立波传播速度;η 为孤立波波面;ζ 为造波边界推板位移函数。

$$c = \sqrt{g(H+d)} \tag{2.46}$$

$$\eta = H\mathrm{sech}^2[k(x-ct)] \tag{2.47}$$

$$k = \sqrt{\frac{3H}{4d^3}} \tag{2.48}$$

$$\zeta = \frac{H}{kd}\tanh[k(ct-\zeta^*)] \tag{2.49}$$

(2)常规不规则波。

对于不规则波浪,可以看成由多个不同频率、振幅、初相位的余弦波叠加而成,见式(2.50):

$$\eta(x,t) = \sum_{i=0}^{M}\eta_i(x,t) = \sum_{i=0}^{M}a_i\cos(k_ix-\omega_it+\varepsilon_i) \tag{2.50}$$

式中,$\eta(x,t)$为距离造波边界 x 处的波面时间过程;a_i 为第 i 个组成波的振幅,k_i、ω_i(ω_i 在第 i 个频域区间上随机选取,为避免波浪以周期 $2\pi/\Delta\omega$ 重复出现)和 ε_i($0\sim2\pi$ 内均匀分布)分别为第 i 个组成波的波数、角频率和随机初相位。

根据造波理论,若想产生沿 x 方向传播的常规不规则波浪,造波边界处的速度应满足:

$$U_0(t) = \sum_{i=0}^{M}\frac{\omega_i\eta_i(t)}{W_i} \tag{2.51}$$

式中,W_i 见式(2.8)。

(3)畸形波。

在此考虑两种情况:当模拟任意畸形波时,造波边界采用双波列叠加模型计算,见式(2.1),双波列叠加模型在2.1.3中已经详细介绍,这里不再赘述;当模拟实测波面序列时(新年波,北海畸形波和北海深谷),造波边界采用单波列叠加模型计算[96],见式(2.52):

$$\eta(x,t) = \sum_{i=0}^{M}\eta_i(x,t) = \sum_{i=0}^{M}a_i\cos(k_ix-\omega_it+\theta_i) \tag{2.52}$$

式中,

$$a_i = \sqrt{A_i^2+B_i^2}$$

$$\theta_i = \arctan\left(-\frac{B_i}{A_i}\right)$$

$$A_i = \frac{2}{T}\int_0^T\eta(t)\cos\omega_it\mathrm{d}t = \frac{N}{2}\sum_{n=1}^{N}\eta(t_n)\cos\omega_it_n \tag{2.53}$$

$$B_i = \frac{2}{T}\int_0^T\eta(t)\sin\omega_it\mathrm{d}t = \frac{N}{2}\sum_{n=1}^{N}\eta(t_n)\sin\omega_it_n \tag{2.54}$$

式中，$B_0=0$；$\omega_i=i\dfrac{2\pi}{N\Delta t}$；$N$ 为样本个数；Δt 为采样间距；i 为组成波编号，$i=0,1,2,\cdots,M$，M 为组成波个数。

根据造波理论，造波板的水平速度 $U_0(t)$ 可表示为：

$$U_0(t)=\sum_{i=0}^{M}\frac{\omega_i\eta_i(t)}{W_i} \tag{2.55}$$

式中，W_i 见式(2.8)。

2)围壁边界

对于围壁边界附近区域的网格，动量方程、动能方程和耗散率方程对细密程度要求有所不同。其中耗散率方程的要求最为严格，而动量方程和动能方程的要求基本相当。因此为了既考虑求解精度又不把网格划的过密，影响计算效率，对于围壁边界附近区域的网格，k 值和 ε 值采用壁函数技术来求解，见式(2.56)～式(2.59)[97,99-100]。

$$l_m=\beta_0L\left[\exp\left(\frac{ku}{u_*}\right)-1\right] \tag{2.56}$$

$$k=\frac{u_*^2}{\sqrt{C_u}} \tag{2.57}$$

$$\varepsilon=\frac{u_*^3}{l_m} \tag{2.58}$$

$$v_t=\frac{C_uk^2}{\varepsilon} \tag{2.59}$$

式中，β_0 是常数，与壁面粗糙度有关；L 是特征长度，本书中特征长度 L 选为近壁区域网格中心到壁面的距离，常数 $\beta_0=0.000\,5$。

3)吸收边界

为了限制计算域，在水槽的右端设置一个吸收边界层来吸收出流波浪。在吸收边界区域中，速度和自由表面等变量分别衰减为：$v(x,y)/\mu(x)$，$\eta/\mu(x)$，$k/\mu(x)$和$\varepsilon/\mu(x)$。$\mu(x)$为衰减系数，定义见式(2.60)：

$$\mu(x)=\exp^{\left[\left(2-\frac{10\lambda'}{\lambda}-2^{-10}\right)\ln(\alpha)\right]} \tag{2.60}$$

其中，λ 为吸收区域的长度；λ'为吸收区域内的点到水槽右端边界的距离；α 为阻尼系数。

4)水底边界

(1)平底边界。

满足水底边界位置处各变量的垂向通量为零，即：

$$V_n = 0 \tag{2.61}$$

(2)非平底边界。

为了使用本文所建立的数值模型模拟非平底地形条件下波浪的生成和变形,使用部分单元体方法处理底部边界,增设海底地形。对于增设海底地形的情况,流体都在边界的上方,见图2.11,令 $\tan\theta = \text{ANB}(i)$,则:

$$\cos\theta = \frac{1}{\sqrt{1 + \text{ANB}(i)^2}} \tag{2.62}$$

$$\sin\theta = \frac{\text{ANB}(i)}{\sqrt{1 + \text{ANB}(i)^2}} \tag{2.63}$$

$$n_x = \cos(n,x) = \cos\left(\frac{\pi}{2} + \theta\right)$$

$$= -\sin\theta = -\frac{\text{ANB}(i)}{\sqrt{1 + \text{ANB}(i)^2}} \tag{2.64}$$

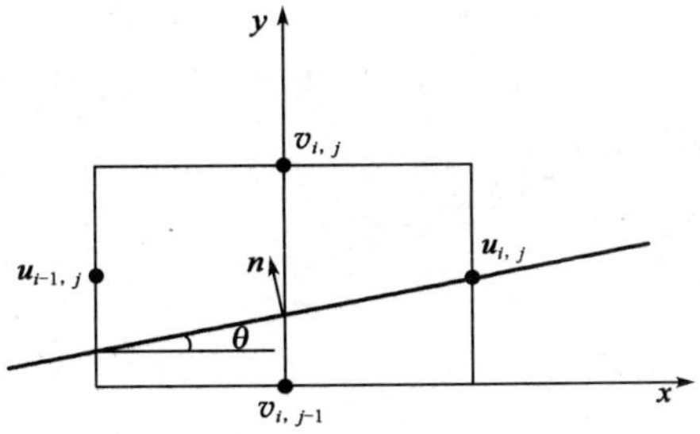

图2.11　底地形边界示意图

$$n_y = \cos(n,y) = \cos\theta = \frac{1}{\sqrt{1 + \text{ANB}(i)^2}} \tag{2.65}$$

$$u = \frac{1}{2}(u_{i,j} + u_{i-1,j}) \tag{2.66}$$

$$v = (1 - \xi)v_{i,j} + \xi v_{i,j-1} \tag{2.67}$$

令边界线中点到单元底边的距离为 γ_b,边界线的法线方向为 (n_x, n_y),边界线中点的法线方向速度为零,得:

$$v_{i,j-1} = \frac{1-\xi}{\xi}v_{i,j} - \frac{(u_{i,j} + u_{i-1,j}) \cdot n_x}{2\xi n_y} \tag{2.68}$$

$$\xi = \frac{\delta y_j - \gamma_b}{\delta y_j} \tag{2.69}$$

当单元边界系数 $AR_{i,j} < 0.5$ 时(AR 表示单元右侧面可通过流体部分的面积系数),意味着 $u_{i,j}$ 所在的位置在流场之外,此时令:

$$u_{i,j} = u_{i,j+1} \tag{2.70}$$

2.2.6　数值模型验证

1)波面时间过程验证

(1)孤立波在斜坡地形的传播变形过程。

为了验证本书建立的数值模型模拟波浪传播、演化过程的有效性,首先考察一个非线性程度较强、波面描述较为简单的孤立波由平底传播经过1∶20的斜坡

（水深从 $d_0=7.62\text{cm}$ 逐渐变为 $d_1=3.81\text{cm}$）后的分裂现象。然后将本书模拟结果与 Madsen 和 Mei(1969)[46]物理试验、Choi 和 Wu(2006)[45]数值模拟结果进行比较。

为比较方便，计算域与 Madsen 和 Mei(1969)所开展的物理试验相匹配，见图 2.12。孤立波波要素为：振幅 0.91cm，传播速度 91.96cm/s。

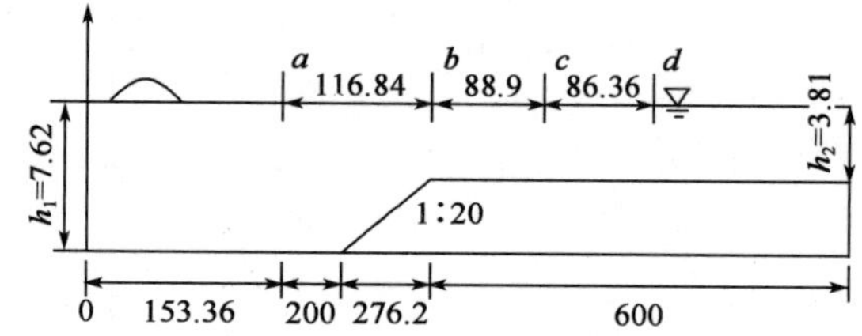

图 2.12　孤立波在斜坡地形上传播的布置图（尺寸单位：cm）

图 2.13 给出了平底区和斜坡上不同位置处波面时间过程的对比结果。

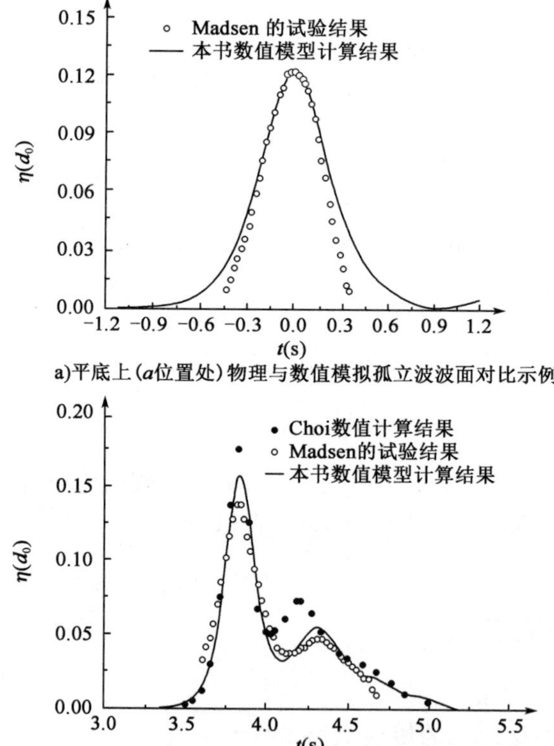

图 2.13　孤立波传播、演化过程的数值结果验证示例

图 2. 13a) 为孤立波在平底地形上的波面比较。可以看出，数值模拟结果和物理实验结果基本吻合。

图 2. 13b) 为孤立波经过斜坡传播到较浅水深时，本书的模拟结果与 Madsen 和 Mei(1969) 的物理试验结果及 Choi 和 Wu(2006) 的数值模拟结果的比较。

总体看来，三者基本一致。在水深逐渐变浅的斜坡上，波面发生了分裂现象，在孤立波的右侧出现了一个较小的波浪。与 Choi 和 Wu(2006) 数值结果的差异是由于本书数值模型考虑粘性耗散的影响，而前者未考虑粘性耗散。比较而言，本书的模拟结果无论是相位还是峰值与 Choi 和 Wu(2006) 的数值结果相比都更为接近物理模拟结果。

上述结果表明，本书所建立的数值模型模拟较强非线性波浪在地形上传播和演化过程具有较好的精度和稳定性。

(2) 常规不规则波浪波。

计算区域如图 2. 14 所示。

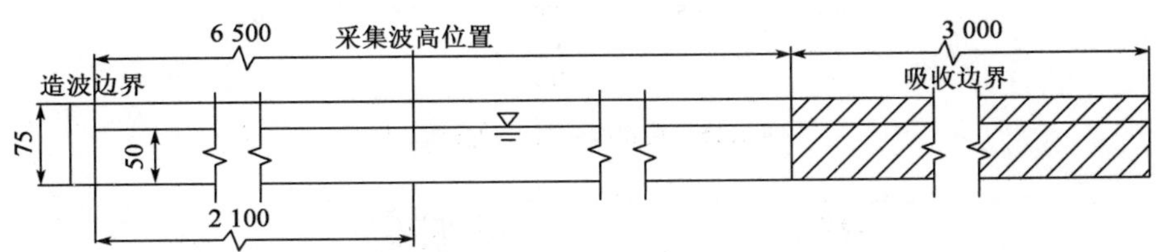

图 2. 14　数值模型计算域的布置图(尺寸单位:cm)

输入谱选用修正的 $P—M$ 谱，目标有效波高 $H_s = 5\text{cm}$，谱峰周期 $T_p = 1.5\text{s}$，模拟不规则波波面时间序列长度为 120s。计算时间间隔取 0. 01s，运动粘性系数 $\nu = 1.002 \times 10^{-6}\text{m}^2/\text{s}$。

图 2. 15 给出了模拟波面与目标波面的对比，图 2. 16 给出了模拟波序列的频谱与目标谱的对比。

可以看出，数值模型可以较高精度地模拟不规则波浪波面时间序列。

(3) 含有畸形波的不规则波浪波面时间序列。

计算区域与不含畸形波的不规则波列相同。

依然选用修正的 $P—M$ 谱作为输入谱，目标有效波高 $H_s = 5.9\text{cm}$，谱峰周期 $T_p = 2.6\text{s}$，模拟波面时间序列长度为 220s。

为了生成畸形波，采用双波列叠加模型计算数值造波边界，指定能量在开始造波后 62. 4s、$X = 2\ 100\text{cm}$ 处汇聚。该条件与作为比较对象的物理模拟畸形波一致。

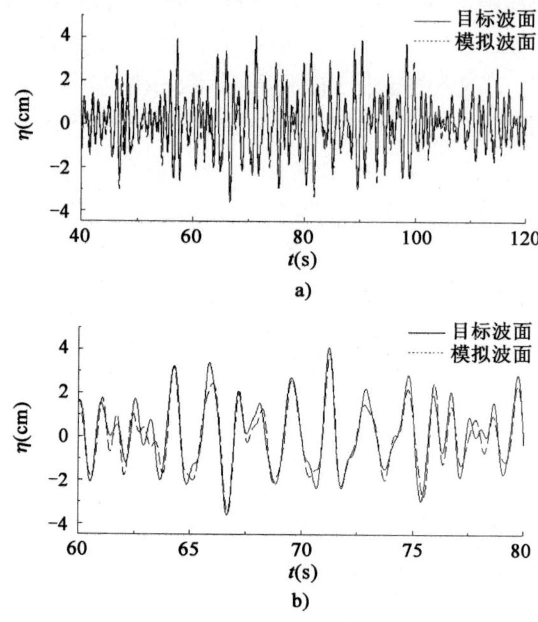

图 2.15 模拟波面与目标波面对比

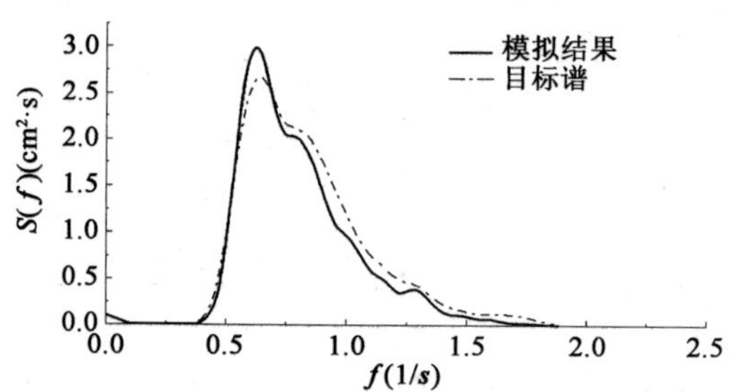

图 2.16 模拟波面频域谱与目标谱的对比

图 2.17 给出了数值模拟畸形波波面时间过程与物理试验结果的对比。图 2.18 给出了畸形波波面空间形态的对比。表 2.1 给出了畸形波定义的 4 参数(α_1,α_2,α_3 和 α_4)以及波列统计特征参数(H_s 和 T_p)的比较。

数值模拟和物理模拟畸形波相关参数 表 2.1

参数	H_s(cm)	T_p(s)	α_1	α_2	α_3	α_4
数值模拟	5.87	2.62	2.46	2.39	3.57	0.73
物理模拟	5.79	2.55	2.48	2.18	3.22	0.73

图 2.17 和图 2.18 显示，数值模型可以成功地获得含有畸形波的不规则波浪波面时间序列。

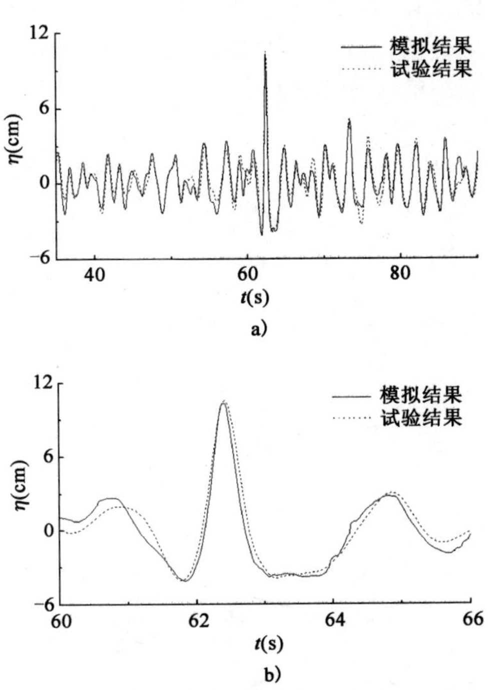

图 2.17 数值模拟畸形波波面与物理试验结果的对比

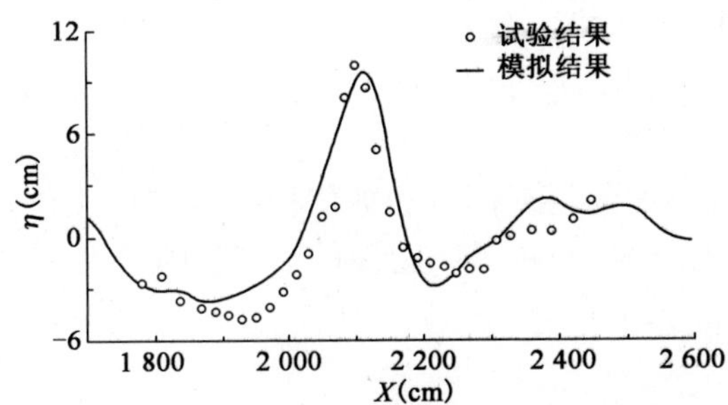

图 2.18 数值和物理模拟波面空间分布的对比

上面 3 组算例的对比结果表明，本书建立的数值模型能够较为准确的模拟畸形波的生成、演化过程。

2）水质点速度

为了验证数值模型计算畸形波内部结构参数的可靠性，将畸形波水质点速度的数值计算结果与物理模型试验结果进行对比(选用图2.17中所示的物理和数值模拟畸形波)。

流速测点布置见图2.6。图2.19给出了畸形波波峰位置($X = 2\ 100$cm处)水平速度沿水深分布的数值计算结果与物理试验结果对比。可以看出,数值模型能比较准确的计算畸形波水质点速度。

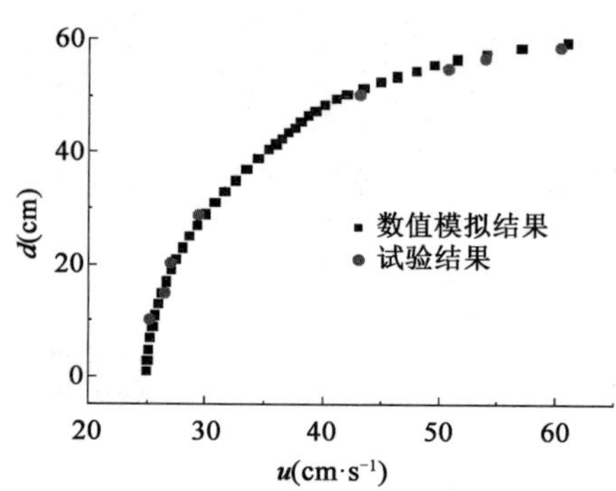

图2.19　畸形波水质点速度计算和试验对比

2.3　本章小结

本章采用双波列叠加模型计算造波板的驱动信号,在物理水槽中实现了畸形波的物理模拟;使用有限差分法求解雷诺时均N-S方程,以k—ε双方程湍流模型封闭,使用VOF方法捕捉自由表面,建立了数值模型;通过将孤立波、不规则波、畸形波的数值模拟结果与物理试验结果比较,验证了数值模型模拟畸形波波面及水质点速度的有效性。

至此,实现了畸形波的物理模拟和数值模拟。该项工作为下一步研究畸形波的生成、演化过程及内部结构等问题提供了有效的工具。

3 畸形波生成、演化过程分析

现有的实测资料和理论研究均表明，在畸形波生成和演化的过程中，可能出现连续大波（大波群）或者巨大波谷（深谷）。对于畸形波，大波群和深谷等异常波浪现象相关性的分析将有助于解释畸形波的生成机理，也会为结构安全设计提供依据。因此，本章借助第2章中介绍的数值模型模拟畸形波、大波群和深谷等异常波浪现象，来探究它们的关系。

3.1 天然实测畸形波列的复演

由于畸形波发生前的征兆很难察觉，且持续时间短，典型实测资料较少，所以“新年波”、“北海畸形波”和“北海深谷”等经典实测资料对畸形波的研究而言弥足珍贵。但仅依据这些关于某一点的波面时间过程的实测记录尚不能分析它们的生成、演化过程。所以通过数值模拟再现该过程，进而分析其生成、演化过程就显得十分必要。本节采用第2章中建立的数值模型，复演三组包含“新年波”、“北海畸形波”和“北海深谷”的经典天然实测波列。

3.1.1 “新年波”的复演

1995年1月1日，一场风暴袭击了位于北海的Draupner平台，采集到的数据中有一组包含畸形波（“新年波”）的波面时间序列，时长20min，有效波高约为12m，平均周期约为12s，畸形波特征参数分别为$\alpha_1=2.15$，$\alpha_2=2.20$，$\alpha_3=3.70$，$\alpha_4=0.72$，最大波高为25.6m，最大波峰为18.5m，见图3.1。

为了复演该波列，通过傅里叶变换分解包含“新年波”的实测波面序列，得到式(2.52)的组成波叠加的形式。根据2.2.5小节中描述的方法计算数值造波边界条件，模拟包含“新年波”的波列。

图3.2给出了实测“新年波”与模拟结果的对比。表3.1中给出了实测和模拟“新年波”相关参数值的对比。

通过图3.2和表3.1可以看出，数值模拟结果能比较准确地再现天然实测“新年波”。其精度满足分析“新年波”生成、演化过程的需要。

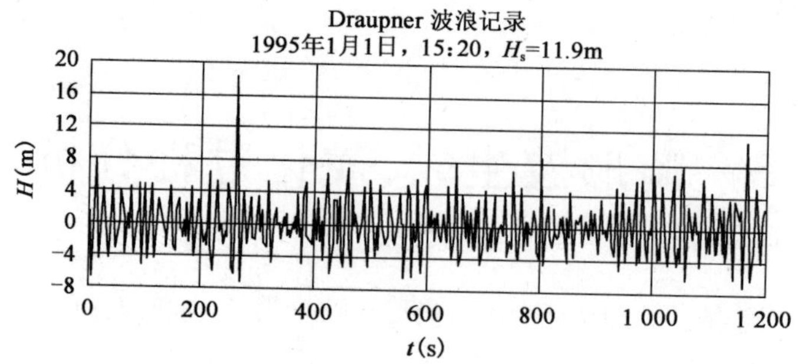

图 3.1　实测“新年波”时间过程

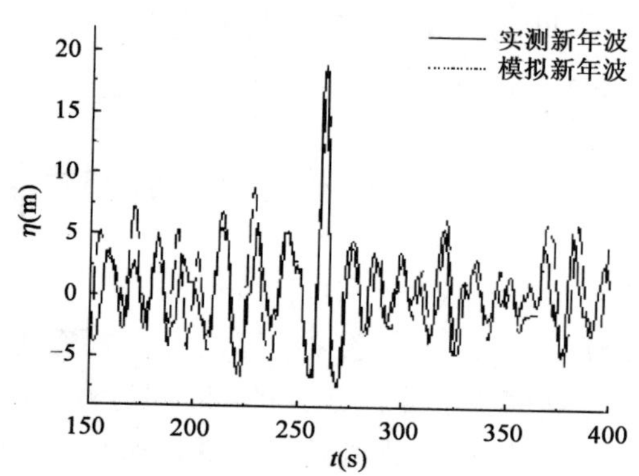

图 3.2　实测和模拟的“新年波”时间过程比较

实测和模拟“新年波”相关参数值比较汇总　　表 3.1

参数	$H_{\frac{1}{3}}$(m)	T(s)	α_1	α_2	α_3	α_4
实测	11.92	12.50	2.15	2.20	3.70	0.72
模拟	12.05	12.61	2.28	2.02	3.76	0.72

3.1.2　“北海畸形波”的复演

在北海北部发生的 14 次风暴中，采集到了 793h 的波面实测记录，其中有两组经典的异常波浪（畸形波和深谷），分别被称为“北海畸形波”和“北海深谷”[10-11]。

“北海畸形波”序列观测记录时长为 20min，有效波高约为 5.65m，平均周期约为 9.8s，畸形波特征参数分别为 $\alpha_1=3.19$，$\alpha_2=2.40$，$\alpha_3=2.04$，$\alpha_4=0.77$，最大波高为 18.04m，最大波峰为 13.89m，见图 3.3a）。

“北海深谷”序列观测记录时长也是 20min，有效波高约为 3.79m，平均周期约为10.11s,最大波高为9.31m,最大谷值为5.38m,与有效波高的比值为1.4,见图3.3b)。

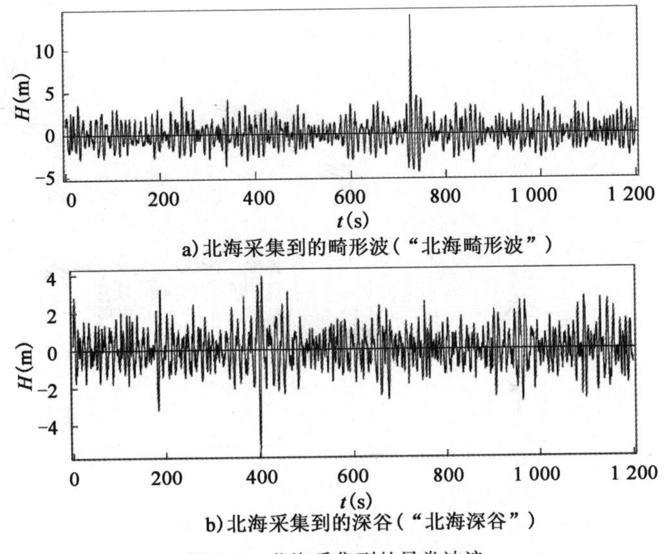

图3.3 北海采集到的异常波浪

采用与复演“新年波”同样的方法,模拟得到“北海畸形波”和“北海深谷”波面时间列。

图3.4为实测“北海畸形波”波面时间过程与模拟结果的对比。表3.2为实测和模拟“北海畸形波”参数值的对比。图3.5为实测“北海深谷”波面时间过程与模拟结果的对比。表3.3为实测和模拟“北海深谷”参数值的对比。

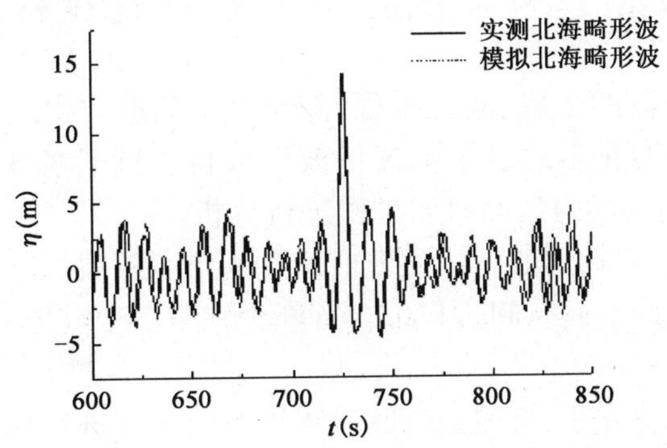

图3.4 实测和模拟“北海畸形波”时间过程

通过图3.4、图3.5和表3.2、表3.3可以看出,通过数值模型复演得到的“北海畸形波”和“北海深谷”能比较准确地再现天然实测波列基本特征。其精度满足分析生成、演化过程的需要。

实测和模拟“北海畸形波”相关参数值比较　　表 3.2

参数	$H_{\frac{1}{3}}$(m)	T(s)	α_1	α_2	α_3	α_4
实测	5.65	9.80	3.19	2.40	2.04	0.77
模拟	5.68	10.06	3.22	2.35	2.06	0.77

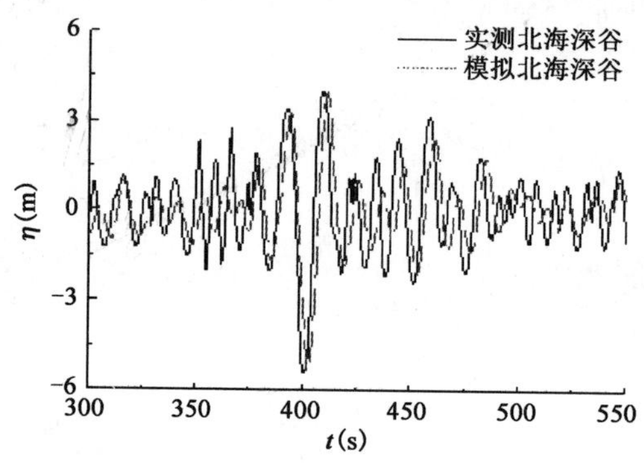

图 3.5　实测和模拟“北海深谷”时间过程

实测和模拟“北海深谷”相关参数值比较汇总　　表 3.3

参数	$H_{\frac{1}{3}}$(m)	T(s)	α_1	α_2	α_3	α_5
实测	3.79	10.11	2.33	2.27	1.45	-1.42
模拟	3.68	10.35	2.35	2.17	1.32	-1.38

3.2　天然实测畸形波的生成、演化过程及分析

为了分析畸形波的生成、演化过程，需要考察畸形波生成前、后一定时—空范围内的波面形态变化。通过采集畸形波生成位置前后各 4 倍有效波长范围内、100 倍平均周期时段内波面时间过程进行分析。

需要说明的是，在畸形波生成位置前后各 4 倍有效波长范围内，代表点选取原则为该点处采到的波面时间过程中含有至少满足一个畸形波定义参数的特征大波。

分析时为了描述方便，将波面时间过程用有效波高进行无量纲化处理，即无量纲波面 $\eta^* = \eta/H_s$；对时间做无量纲归零处理，使得一个波列中最大波波峰发生在 $T^* = 0$ 时刻，即：$T^* = (t - t_c)/T_p$。例如，如果一个波列中最大波为畸形波，则畸形波波峰发生在 $T^* = 0$ 时刻。

3.2.1 “新年波”的生成、演化过程

1)“新年波”生成过程中,特定空间位置的波面(时间序列)特征

在“新年波”生成位置前(包含生成位置)的4倍有效波长范围内,选取了4个不同代表点处的波面时间过程。4个代表点分别为 X = 1 492.5m、1 787.5m、1 927.5m 和 1 992.5m,距离畸形波的生成位置分别为 -1.7、-0.7、-0.2 和 0 倍有效波长(“ - ”表示畸形波生成前)。图3.6给出了“新年波”生成前4个不同代表点处波面时间过程。表3.4汇总给出了“新年波”生成过程中出现的不同特征大波的畸形波参数。

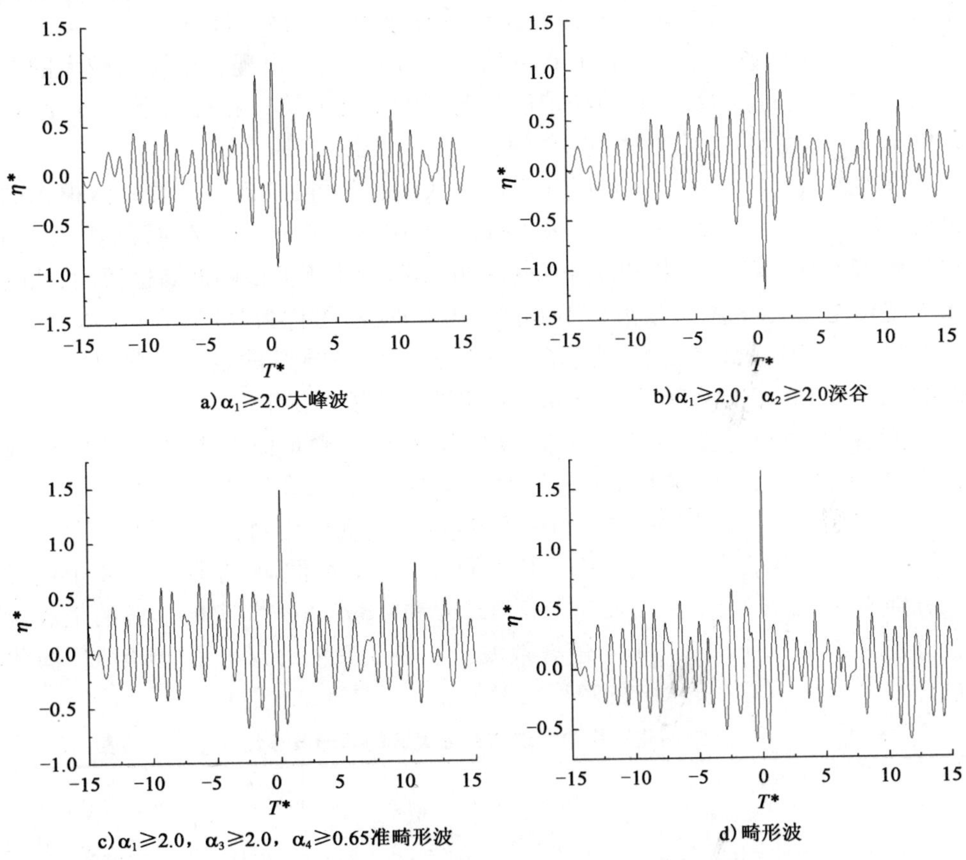

图3.6 “新年波”生成过程中不同代表点波面时间过程

在上述4组不同空间位置的波面时间序列中,分别出现了较大的波峰或波谷。

"新年波"生成过程中出现的特征大波的畸形波参数汇总　　表 3.4

出现位置（与畸形波生成位置的距离）	α_1	α_2	α_3	α_4	特征波浪形态
1.7 倍有效波长	2.06	1.48	1.40	0.55	大波峰
0.7 倍有效波长	2.15	2.18	1.27	0.44	深谷
0.2 倍有效波长	2.20	1.54	2.73	0.69	准畸形波
0 倍有效波长	2.28	2.02	3.76	0.72	畸形波

距离畸形波的生成位置前 1.7 倍有效波长位置，出现了一个波峰较大的波浪（$\alpha_1=2.06$），该大峰波混合在连续大波中，仅能满足畸形波定义的第一个参数（$\alpha_1\geq 2$），其他畸形波定义参数未满足，尚不能称之为畸形波。

在距离畸形波的生成位置前 0.7 倍有效波长位置，出现一个波谷较大的波浪（$\alpha_1=2.15$ 和 $\alpha_2=2.18$），该波浪满足畸形波定义的第一和第二个参数（$\alpha_1\geq 2$ 和 $\alpha_2\geq 2$），较大的波谷可称之为"深谷"。

在距离畸形波的生成位置前 0.2 倍有效波长位置，出现一个波峰值很大的波浪（$\alpha_1=2.20$，$\alpha_3=2.73$ 和 $\alpha_4=0.69$），该大波满足畸形波定义的第一、第三和第四个参数（$\alpha_1\geq 2$，$\alpha_3\geq 2$ 和 $\alpha_4\geq 0.65$），由于临近出现波浪的波高也较大，从畸形波严格定义上来说，该波浪也不能称之为畸形波（可称为"准畸形波"）。

最后，在畸形波生成位置，出现一个满足严格畸形波定义的波浪（$\alpha_1=2.28$，$\alpha_2=2.02$，$\alpha_3=3.76$ 和 $\alpha_4=0.72$），即为模拟的"新年波"。

上述即为"新年波"的生成过程，可综合描述为：畸形波生成前，首先出现连续大波（大波群），该波群继而形成较大的波谷，再生成畸形波。

2）"新年波"生成后，特定空间位置的波面（时间序列）特征

图 3.7 给出了畸形波生成后 4 个不同代表点处的波面时间过程。4 个代表点分别为 $X=2\,102.5$m、2 157.5m、2 247.5m 和 2 397.5m，距离畸形波的生成位置分别为：0.4、0.6、0.9 和 1.4 倍有效波长。表 3.5 汇总给出了"新年波"演化过程中出现的不同特征大波的畸形波参数。

"新年波"演化过程中出现的特征大波的畸形波参数汇总　　表 3.5

出现位置（与畸形波生成位置的距离）	α_1	α_2	α_3	α_4	特征波浪形态
0.4 倍有效波长	2.26	2.71	2.44	0.53	准畸形波
0.6 倍有效波长	2.11	2.43	1.50	0.43	深谷
0.9 倍有效波长	2.14	1.23	2.69	0.65	准畸形波
1.4 倍有效波长	2.00	1.07	1.40	0.55	大波峰

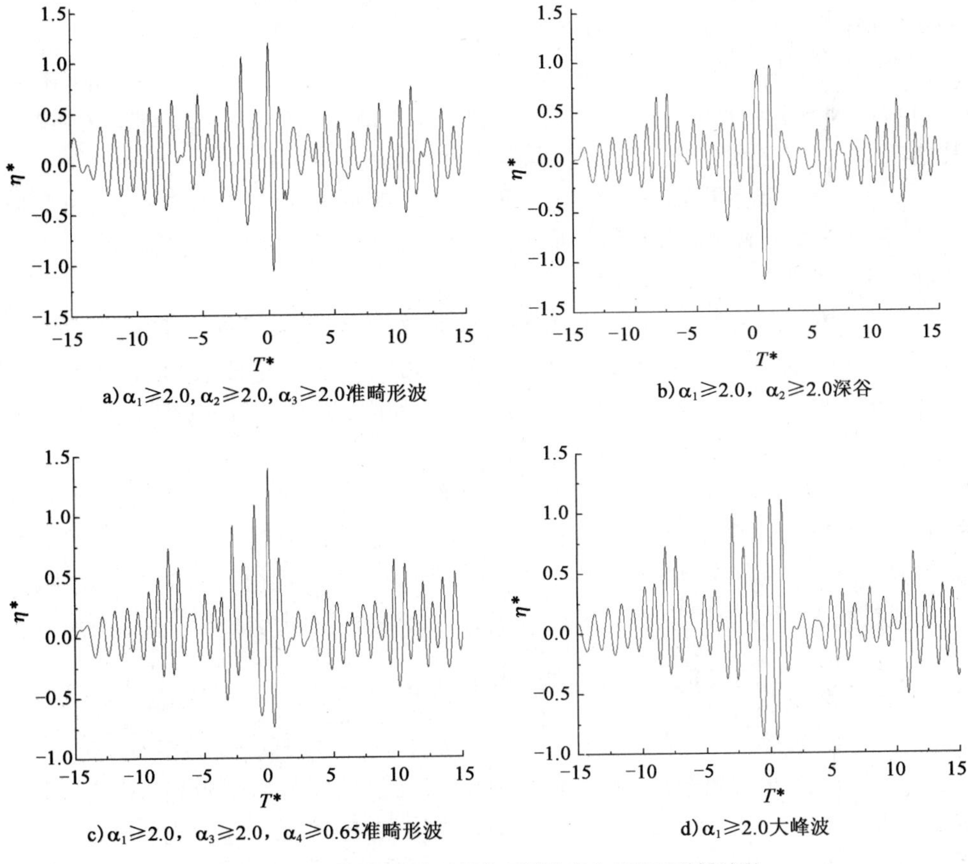

图 3.7 “新年波”演化过程中不同代表点的波面时间过程

在上述 4 组不同空间位置的波面时间序列中，分别出现了较大的波峰或波谷。

距离畸形波的生成位置后 0.4 倍有效波长位置，出现一个独立的大波（$\alpha_1 = 2.26$，$\alpha_2 = 2.71$ 和 $\alpha_3 = 2.44$），满足畸形波定义的第一、第二和第三个参数（$\alpha_1 \geqslant 2$，$\alpha_2 \geqslant 2$ 和 $\alpha_3 \geqslant 2$），该大波的峰值和谷值都比较大，峰—谷不对称程度较小，从严格畸形波定义上来说，该波浪不能称之为畸形波（可称为“准畸形波”）。

在距离畸形波的生成位置后 0.6 倍有效波长位置，出现一个波谷较大的波浪（$\alpha_1 = 2.11$ 和 $\alpha_2 = 2.43$），该波浪满足畸形波定义的第一和第二个参数（$\alpha_1 \geqslant 2$ 和 $\alpha_2 \geqslant 2$），较大的波谷可称之为“深谷”。

在距离畸形波的生成位置后 0.9 倍有效波长位置，出现一个波峰值较大的大波（$\alpha_1 = 2.14$，$\alpha_3 = 2.69$ 和 $\alpha_4 = 0.65$），该大波满足畸形波定义的第一、第三和第四个参数($\alpha_1 \geqslant 2, \alpha_3 \geqslant 2$ 和 $\alpha_4 \geqslant 0.65$),由于临近出现的波浪的波高也较大,从严格畸形波定义上来说,该波浪也不能称之为畸形波(可称为“准畸形波”)。

距离畸形波生成位置后的1.4倍有效波长位置,出现波峰较大的波浪($\alpha_1 = 2.00$),该大波混合在连续大波中,仅能满足畸形波定义的第一个参数($\alpha_1 \geqslant 2$),其他畸形波定义参数未满足,也不能称之为畸形波。

上述即为“新年波”的演化过程,可描述为:畸形波生成后,首先演化为准畸形波(不同时满足畸形波定义的所有参数),然后出现较大的波谷,再演化成大波群。

“新年波”生成、演化过程可综合描述为:连续大波→深谷→准畸形波→畸形波→准畸形波→深谷→准畸形波→连续大波。畸形波生成、演化过程在3.1倍左右的有效波长(有效周期对应的波长)范围内,近乎呈对称,但需要经历一定的延迟。

从大峰波出现到满足严格定义的畸形波生成,经历的时间约为2.6倍有效周期,经历的空间间距约为1.7倍有效波长;从满足严格定义的畸形波生成回复到大峰波,经历的时间约为2.1倍有效周期,经历的空间间距约为1.4倍有效波长。这一现象说明畸形波生成、演化过程持续的时间很短,空间传播的距离也不大。

3.2.2 “北海畸形波”的生成、演化过程

1)“北海畸形波”生成过程,特定空间位置的波面(时间序列)特征

为了分析“北海畸形波”的生成、演化过程,与3.2.1节中分析“新年波”的生成、演化过程一样,考察畸形波生成前后各4倍有效波长范围内、100倍平均周期时段内波面的时间变化过程。选取7个代表点进行分析,选取原则与3.2.1节中一样。

图3.8给出了畸形波生成位置前(包含生成位置)4个不同代表点处的波面时间变化过程。4个代表点分别为 X = 1 663.5m、1 748.5m、1 930.5m 和 1 962.5m,距离畸形波的生成位置分别为 -1.5、-1.1、-0.2 和 0 倍有效波长(“-”表示畸形波生成前)。表3.6汇总给出了“北海畸形波”生成过程中出现的不同特征大波的畸形波参数。

在上述4组不同空间位置的波面时间序列中,分别出现了较大的波峰或波谷。

距离畸形波的生成位置前1.5倍有效波长位置,出现波峰较大的波浪($\alpha_1 = 2.57$),该大波混合在连续大波中,仅能满足畸形波定义的第一个参数($\alpha_1 \geqslant 2$),其他畸形波定义参数未满足,尚不能称之为畸形波。

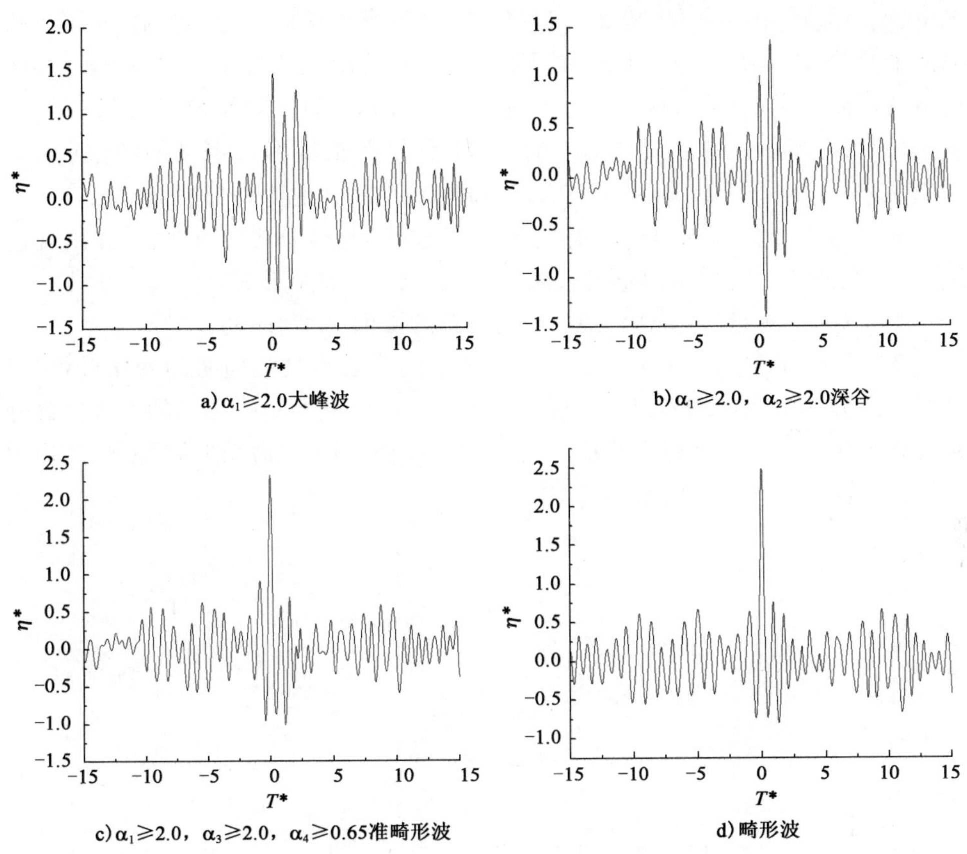

图 3.8 "北海畸形波"生成过程中不同代表点波面时间过程

"北海畸形波"生成过程中出现的异常波浪的相关参数值 表 3.6

出现位置（与畸形波生成位置的距离）	α_1	α_2	α_3	α_4	特征波浪形态
1.5 倍有效波长	2.57	1.60	1.25	0.57	大波峰
1.1 倍有效波长	2.42	2.52	1.12	0.42	深谷
0.2 倍有效波长	3.19	1.72	2.00	0.73	准畸形波
0 倍有效波长	3.22	2.35	2.06	0.77	畸形波

在距离畸形波生成位置前 1.1 倍有效波长的位置，出现一个波谷较大的波浪（$\alpha_1 = 2.42$ 和 $\alpha_2 = 2.52$），该波浪满足畸形波定义的第一和第二个参数（$\alpha_1 \geq 2$ 和 $\alpha_2 \geq 2$），较大的波谷可称之为"深谷"。

在距离畸形波的生成位置前 0.2 倍有效波长位置，出现一个波峰值很大的大波（$\alpha_1=3.19$，$\alpha_3=2.00$ 和 $\alpha_4=0.73$），该大波满足畸形波定义的第一、第三和第四个参数（$\alpha_1\geqslant2$，$\alpha_3\geqslant2$ 和 $\alpha_4\geqslant0.65$），由于临近出现的波浪的波高也较大，从严格畸形波定义上来说，该波浪不能称之为畸形波（可称为"准畸形波"）。

最后，在畸形波的生成位置，出现一个满足严格畸形波定义的波浪（$\alpha_1=3.22$，$\alpha_2=2.35$，$\alpha_3=2.06$ 和 $\alpha_4=0.77$），即为模拟的"北海畸形波"。

上述即为"北海畸形波"的生成过程，可描述为：畸形波生成前，首先出现连续大波（大波群），该波群继而形成较大的波谷，再生成畸形波。

2）"北海畸形波"生成后，特定空间位置的波面（时间序列）特征

图 3.9 给出了畸形波生成位置后 3 个不同代表点处波面时间变化过程。3 个代表点分别为 $X=2\,037.5\text{m}$、$2\,107.5\text{m}$ 和 $2\,231.5\text{m}$，距离畸形波的生成位置分别为 0.4、0.7 和 1.4 倍有效波长。表 3.7 汇总给出了"北海畸形波"演化过程中出现的不同特征大波的畸形波参数。

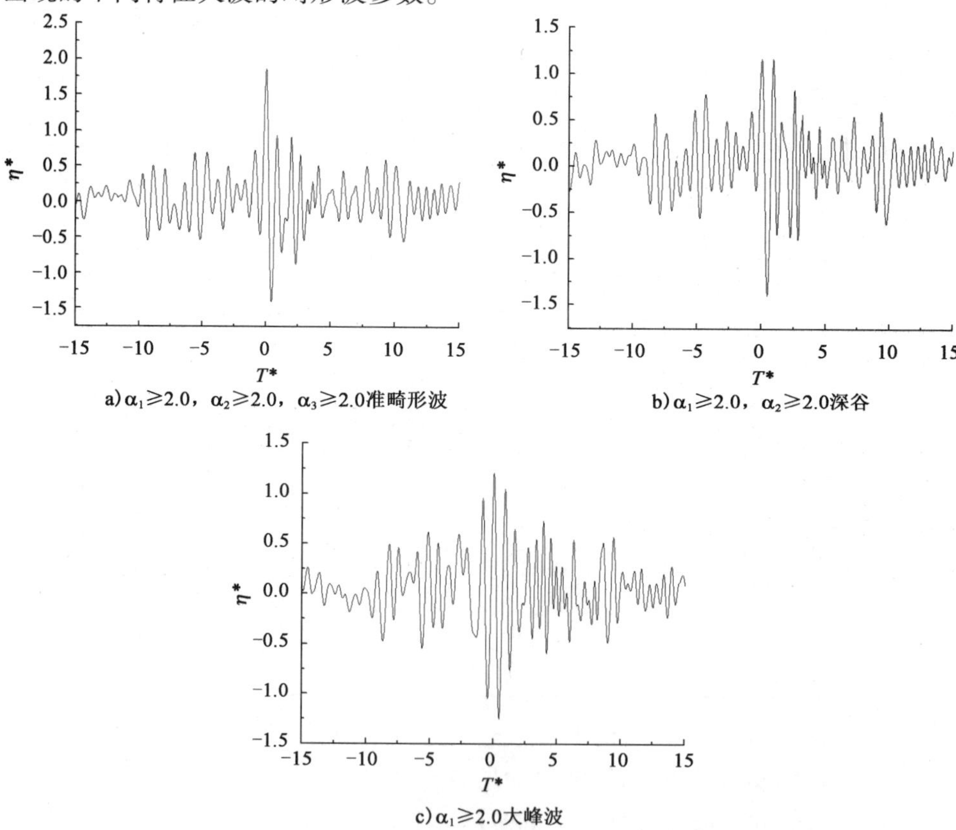

a) $\alpha_1\geqslant2.0$，$\alpha_2\geqslant2.0$，$\alpha_3\geqslant2.0$ 准畸形波

b) $\alpha_1\geqslant2.0$，$\alpha_2\geqslant2.0$ 深谷

c) $\alpha_1\geqslant2.0$ 大峰波

图 3.9 "北海畸形波"演化过程中不同代表点波面时间过程

"北海畸形波"演化过程中出现的异常波浪的相关参数值　　表 3.7

出现位置（与畸形波生成位置的距离）	α_1	α_2	α_3	α_4	特征波浪形态
0.4 倍有效波长	3.28	2.75	2.05	0.57	准畸形波
0.7 倍有效波长	2.56	2.98	1.35	0.45	深谷
1.4 倍有效波长	2.45	1.22	1.36	0.49	大波峰

在上述 3 组不同空间位置的波面时间序列中，分别出现了较大的波峰或波谷。

距离畸形波的生成位置后 0.4 倍有效波长位置，出现一个独立的大波（$\alpha_1 = 3.28$，$\alpha_2 = 2.75$ 和 $\alpha_3 = 2.05$），满足畸形波定义的第一、第二和第三个参数（$\alpha_1 \geqslant 2$，$\alpha_2 \geqslant 2$ 和 $\alpha_3 \geqslant 2$），该大波的峰值和谷值都比较大，峰—谷不对称程度较小，从严格畸形波定义上来说，该波浪不能称之为畸形波（可称为"准畸形波"）。

在距离畸形波的生成位置后 0.7 倍有效波长位置，出现一个波谷较大的波浪（$\alpha_1 = 2.56$ 和 $\alpha_2 = 2.98$），该波浪满足畸形波定义的第一和第二个参数（$\alpha_1 \geqslant 2$ 和 $\alpha_2 \geqslant 2$），较大的波谷可称之为"深谷"。

距离畸形波的生成位置后 1.4 倍有效波长位置，出现波峰较大的波浪（$\alpha_1 = 2.45$），该大波混合在连续大波中，仅能满足畸形波定义的第一个参数（$\alpha_1 \geqslant 2$），其他畸形波定义参数未满足，不能称之为畸形波。

上述即为"北海畸形波"的演化过程，可描述为：畸形波生成后，首先演化为准畸形波（不同时满足畸形波定义的所有参数），然后出现较大的波谷，再演化成大波群，直至恢复到常规波浪形态。

综合比较"北海畸形波"与"新年波"的生成、演化过程，两个过程基本类似（与"新年波"生成、演化过程的不同之处为"北海畸形波"的演化过程中没有出现明显满足条件 $\alpha_1 > 2$，$\alpha_3 > 2$ 和 $\alpha_4 > 0.65$ 的准畸形波），"北海畸形波"的生成、演化过程可简记为：连续大波→深谷→准畸形波→畸形波→准畸形波→深谷→连续大波。畸形波生成演化过程在 3 倍左右的有效波长（有效周期对应的波长）范围内，波面近乎呈对称性，但需要经历一定的延迟。

从连续大波出现到满足严格定义的畸形波生成，经历的时间约为 2.5 倍有效周期，经历的空间距离约为 1.5 倍有效波长；从满足严格定义的畸形波生成回复到连续大波，经历的时间约为 2.3 倍有效周期，经历的空间距离约为 1.4 倍有效波长。这一现象说明畸形波持续的时间长度很短，持续的空间距离也不大。

3.2.3 “北海深谷”的生成、演化过程

实测资料和本书的数值模拟结果均显示,异常深谷现象与畸形波的发生具有一定的关联。在模拟“新年波”和“北海畸形波”的生成、演化过程中,均出现了异常深谷现象。在“北海深谷”的演化过程,也出现了一次畸形波。为了进一步分析畸形波和深谷的相关性,接下来分析“北海深谷”的生成、演化过程。

图3.10给出了4个不同代表点 X = 1 410.5m、1 710.5m、1 895.5m 和 2 425.5m 处的波面时间过程,距离“北海深谷”的生成位置分别为 -1.3、0、0.9 和 3.3 倍有效波长(“ - ”表示深谷生成前)。表3.8汇总给出了“北海深谷”生成、演化过程中出现的不同特征波浪的畸形波参数。

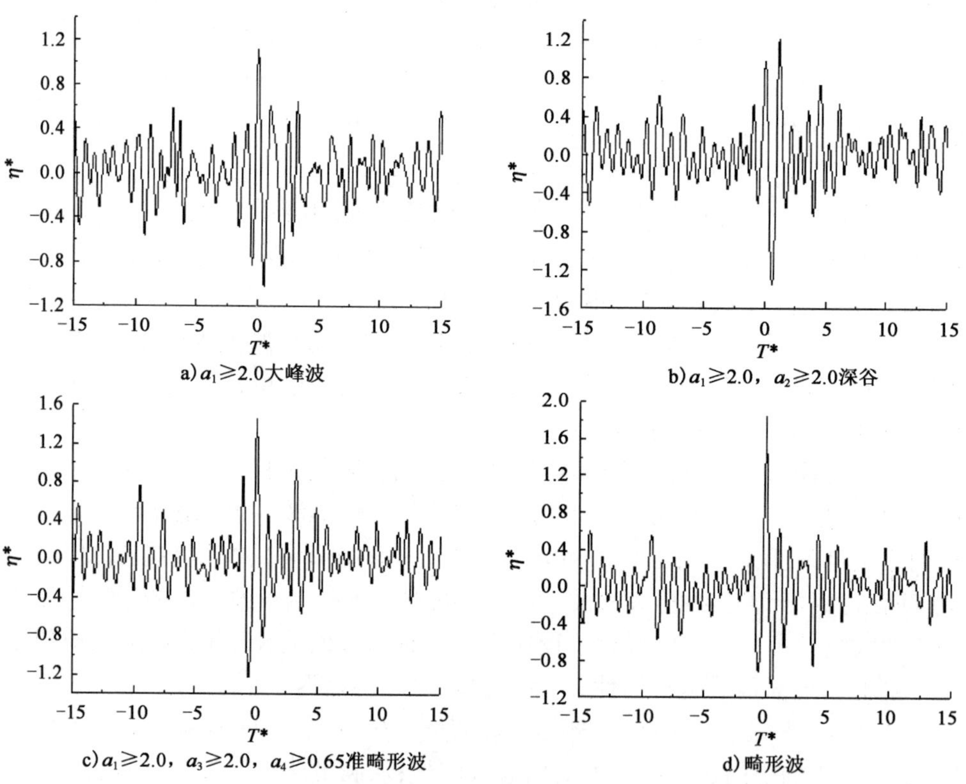

图3.10 “北海深谷”生成、演化过程中不同代表点波面时间过程

在上述4组不同空间位置的波面时间序列中,分别出现了较大的波峰或波谷。

距离“北海深谷”的生成位置前1.3倍有效波长位置，出现波峰较大的波浪（$\alpha_1=2.12$），该大峰波混合在连续大波中，满足畸形波定义的第一个参数（$\alpha_1\geqslant 2$）。在“北海深谷”的生成位置，出现一个波谷较大的波浪（$\alpha_1=2.35$ 和 $\alpha_2=2.17$），该波浪满足畸形波定义的第一和第二个参数（$\alpha_1\geqslant 2$ 和 $\alpha_2\geqslant 2$），这个较大的波谷即为模拟的“北海深谷”。

“北海深谷”生成、演化过程中出现的异常波浪的相关参数值 表3.8

出现位置（与“北海深谷”生成位置的距离）	α_1	α_2	α_3	α_4	特征波浪形态
1.3倍有效波长	2.12	1.67	1.48	0.52	大波峰
0倍有效波长	2.35	2.17	1.32	0.38	深谷
0.9倍有效波长	2.18	1.05	2.58	0.65	准畸形波
3.3倍有效波长	2.89	2.33	2.28	0.65	畸形波

在距离“北海深谷”的生成位置后0.9倍有效波长位置，出现一个波峰值很大的波浪（$\alpha_1=2.18$，$\alpha_3=2.58$ 和 $\alpha_4=0.65$），该大波满足畸形波定义的第一、第三和第四个参数（$\alpha_1\geqslant 2$，$\alpha_3\geqslant 2$ 和 $\alpha_4\geqslant 0.65$），由于临近出现的波浪的波高也较大，从严格畸形波定义上来说，该波浪不能称之为畸形波（可称为“准畸形波”）。

在距离“北海深谷”的生成位置后3.3倍有效波长位置，出现一个畸形波（$\alpha_1=2.89$，$\alpha_2=2.33$，$\alpha_3=2.28$ 和 $\alpha_4=0.65$）。与“北海深谷”伴生畸形波的演化过程与前两组算例基本相同，此外不再赘述。

上述即为“北海深谷”的生成、演化过程。由此可见，畸形波、深谷和连续大波等异常波浪的发生具有密切的关联。

3.2.4 畸形波生成前、后深谷对比

通过对3.2.1～3.2.3三节中三组畸形波生成、演化过程的对比分析可知，三组畸形波生成、演化过程中均发生两次深谷现象，一次发生在畸形波发生之前，一次发生在畸形波发生之后。表3.9汇总给出了三组畸形波生成前、后出现的6次深谷的无量纲值。其中 $\alpha_5=\eta_{\mathrm{tmax}}/H_{\mathrm{s}}$，$\alpha_{51}$ 表示发生在畸形波之前的深谷的无量纲谷值，α_{52} 表示发生在畸形波之后的深谷的无量纲谷值。通过比较可见，对于三组模拟的实测异常波浪算例，发生在畸形波生成、演化过程中的两次深谷的无量纲谷值基本相同。

深谷相关参数　表3.9

算例	$d \cdot L^{-1}$	α_{51}	α_{52}	α_{51}/α_{52}
“新年波”	0.27	-1.20	-1.18	1.02
“北海畸形波”	0.82	-1.40	-1.38	1.01
“北海深谷”	0.78	-1.38	-1.36	1.01

3.3 数值模拟畸形波生成、演化过程及分析

在3.2节中分析了两组具有代表性的天然实测畸形波的生成、演化过程。但仅依据两组资料的分析讨论，尚不能全面说明畸形波的生成、演化规律。为此，采用数值方法模拟畸形波，与天然畸形波的生成、演化过程进行对比讨论。

使用双波列叠加模型计算造波边界条件，定时、定点数值模拟5组含有畸形波的随机波列。5组随机波浪参数见表3.10。

5组数值模拟波列参数　表3.10

算例	H_s(cm)	T_p(s)	d(cm)	波列中畸形波简称
Ⅰ	5.5	1.65	50	畸形波Ⅰ
Ⅱ	5.2	1.80	50	畸形波Ⅱ
Ⅲ	4.2	1.0	50	畸形波Ⅲ
Ⅳ	4.0	0.95	80	畸形波Ⅳ
Ⅴ	4.5	1.2	150	畸形波Ⅴ

3.3.1 模拟畸形波Ⅰ的生成、演化过程

分析数值模拟畸形波生成、演化过程的方法与分析天然实测畸形波的方法相同。考察畸形波生成前后各4倍有效波长范围内、100倍平均周期时段内波面时间变化过程。

1）畸形波Ⅰ生成过程，特定空间位置的波面时间过程

图3.11给出了畸形波生成位置前（包含生成位置）4个不同代表点处的波面时间变化过程。4个代表点分别为X=1 762.5cm、1 892.5cm、2 002.5cm和2 032.5cm，距离畸形波的生成位置分别为-0.9、-0.5、-0.1和0倍有效波长（“-”表示畸形波生成前）。表3.11汇总给出了畸形波生成过程中出现的不同特征大波的畸形波参数。

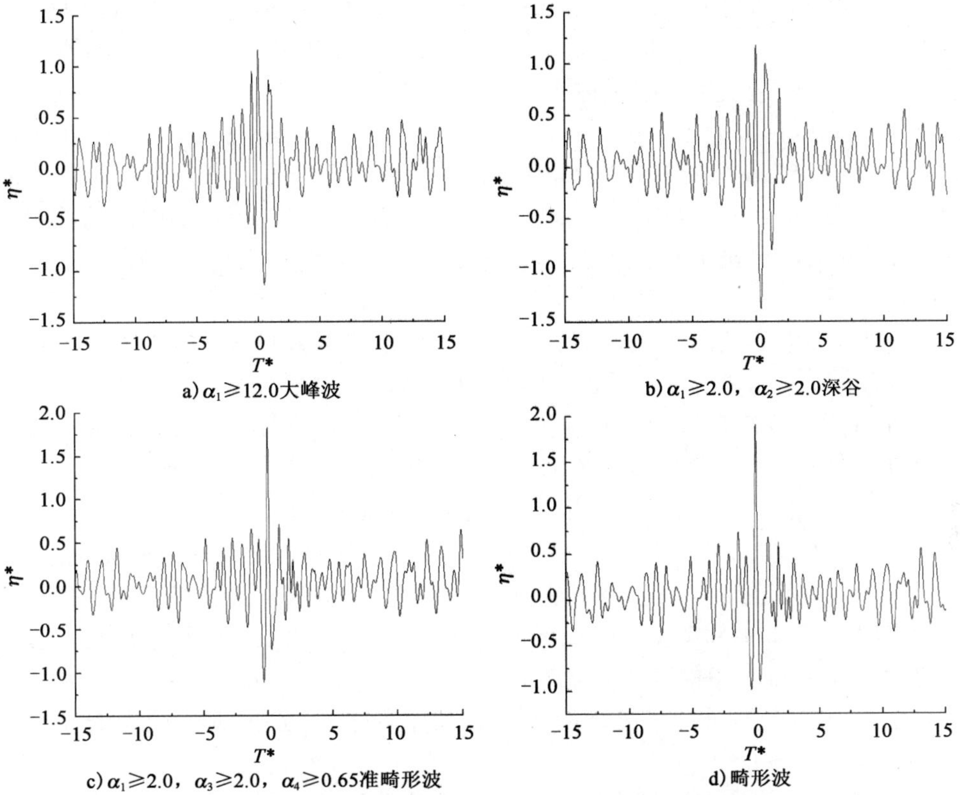

a) $\alpha_1 \geqslant 12.0$大峰波

b) $\alpha_1 \geqslant 2.0$，$\alpha_2 \geqslant 2.0$深谷

c) $\alpha_1 \geqslant 2.0$，$\alpha_3 \geqslant 2.0$，$\alpha_4 \geqslant 0.65$准畸形波

d) 畸形波

图 3.11 畸形波 I 生成过程中不同代表点波面时间过程

畸形波 I 生成过程中出现的异常波浪的相关参数值 表 3.11

出现位置 (与畸形波生成位置的距离)	α_1	α_2	α_3	α_4	特征波浪形态
0.9 倍有效波长	2.31	1.44	1.59	0.51	大波峰
0.5 倍有效波长	2.55	3.37	1.41	0.46	深谷
0.1 倍有效波长	2.57	1.55	2.31	0.71	准畸形波
0 倍有效波长	2.81	2.00	2.87	0.68	畸形波

在上述 4 组不同空间位置的波面时间序列中,分别出现了较大的波峰或波谷。

距离畸形波的生成位置前 0.9 倍有效波长位置,出现了波峰较大的波浪($\alpha_1 = 2.31$),该大峰波混合在连续大波中,仅能满足畸形波定义的第一个参数($\alpha_1 \geqslant 2$),其他畸形波定义参数未满足,尚不能称之为畸形波。

在距离畸形波的生成位置前 0.5 倍有效波长位置，出现一个波谷很大的波浪（$\alpha_1=2.55$ 和 $\alpha_2=3.37$），该波浪满足畸形波定义的第一和第二个参数（$\alpha_1\geqslant 2$ 和 $\alpha_2\geqslant 2$），对应的大波谷可称之为"深谷"。

在距离畸形波的生成位置前 0.1 倍有效波长位置，出现一个波峰值很大的波浪（$\alpha_1=2.57$，$\alpha_3=2.31$ 和 $\alpha_4=0.71$），该大波满足畸形波定义的第一、第三和第四个参数（$\alpha_1\geqslant 2$，$\alpha_3\geqslant 2$ 和 $\alpha_4\geqslant 0.65$），由于临近大峰波出现的波浪的波高也较大，从畸形波严格定义上来说，该波浪也不能称之为畸形波（可称为"准畸形波"）。

最后，在畸形波的生成位置，出现一个满足严格畸形波定义的波浪（$\alpha_1=2.81$，$\alpha_2=2.00$，$\alpha_3=2.87$ 和 $\alpha_4=0.66$），即为模拟的畸形波。

上述即为该畸形波的生成过程，可综合描述为：畸形波生成前，首先出现连续大波（大波群），该波群继而形成较大的波谷，最后再生成畸形波。

2）畸形波 Ⅰ 生成后，特定空间位置的波面时间过程

图 3.12 给出了畸形波生成位置后、3 个不同代表点处波面时间变化过程。3 个代表点分别为 $X=2\,192.5\text{cm}$、$2\,362.5\text{cm}$ 和 $2\,662.5\text{cm}$，距离畸形波的生成位置分别为 0.5、1.1 和 2.1 倍有效波长。表 3.12 汇总给出了畸形波演化过程中出现的不同特征波浪的畸形波参数。

在上述 3 组不同空间位置的波面时间序列中，分别出现了较大的波峰或波谷。

距离畸形波的生成位置后 0.5 倍有效波长位置，出现一个独立的大波浪（$\alpha_1=2.75$，$\alpha_2=3.12$ 和 $\alpha_3=2.29$），满足畸形波定义的第一、第二和第三个参数（$\alpha_1\geqslant 2$，$\alpha_2\geqslant 2$ 和 $\alpha_3\geqslant 2$），该大波的峰值和谷值都比较大，峰—谷不对称程度较小，从严格畸形波定义上来说，该波浪不能称之为畸形波（可称为"准畸形波"）。

在距离畸形波的生成位置后 1.1 倍有效波长位置，出现一个波谷很大的波浪（$\alpha_1=2.42$ 和 $\alpha_2=7.06$），该波浪满足畸形波定义的第一和第二个参数（$\alpha_1\geqslant 2$ 和 $\alpha_2\geqslant 2$），对应的大波谷可称之为"深谷"。

距离畸形波的生成位置后 2.1 倍有效波长位置，出现波峰较大的波浪（$\alpha_1=2.51$），该大峰波混合在连续大波中，仅能满足畸形波定义的第一个参数（$\alpha_1\geqslant 2$），其他畸形波定义参数未满足，也不能称之为畸形波。

上述即为畸形波 Ⅰ 的演化过程，可综合描述为：畸形波生成后，首先演化为准畸形波（不同时满足畸形波定义的所有参数），然后出现较大的波谷，再演化成大波群，直至恢复到常规波浪形态。

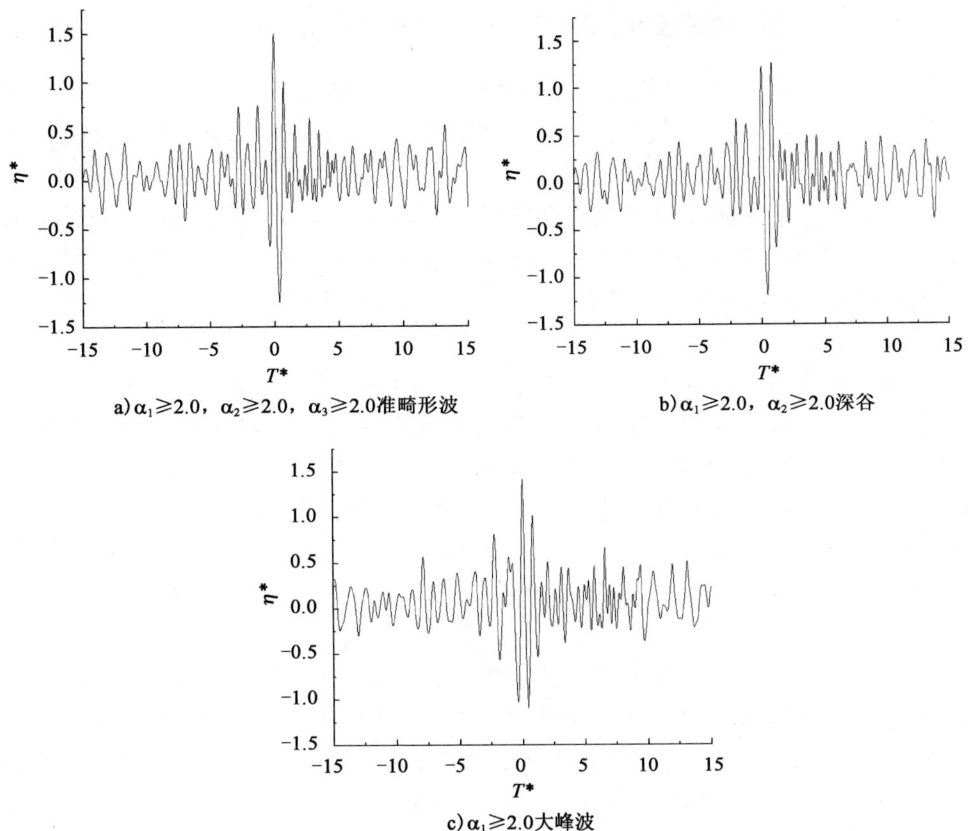

图 3.12 畸形波 I 演化过程中不同代表点波面时间过程

畸形波 I 演化过程中出现的异常波浪的相关参数值 表 3.12

出现位置（与畸形波生成位置的距离）	α_1	α_2	α_3	α_4	特征波浪形态
0.5 倍有效波长	2.75	3.12	2.29	0.55	准畸形波
1.1 倍有效波长	2.42	7.06	1.24	0.51	深谷
2.1 倍有效波长	2.51	1.58	1.62	0.57	大波峰

从连续大波出现到满足严格定义的畸形波生成，经历的时间约为 1.9 倍的有效周期，经历的空间距离约为 0.9 倍有效波长；从满足严格定义的畸形波生成再回复到连续大波，经历的时间约为 3.1 倍的有效周期，经历的空间距离约为 2.1 倍有效波长。这一现象说明该畸形波生成、演化过程持续时间的长度很短（约为 5 倍的有效周期），空间传播的距离也不大（约为 3 倍的有效波长）。

3.3.2 模拟畸形波Ⅱ、Ⅲ、Ⅳ和Ⅴ的生成、演化过程

图3.13～图3.16分别给出了模拟畸形波Ⅱ、Ⅲ、Ⅳ和Ⅴ生成位置前后各4倍有效波长范围内、8个代表点处采集的100倍平均周期时段内波面时间变化过程。

对于模拟畸形波Ⅱ,8个代表点分别为X=1 612.5cm、2 062.5cm、2 332.5cm、2 537.5cm、2 807.5cm、3 027.5cm、3 337.5cm、4 147.5cm;各点距离畸形波生成位置分别为-2.6、-1.3、-0.6、0、0.8、1.4、2.2、4.5倍的有效波长(“-”表示畸形波生成前)。

对于模拟畸形波Ⅲ,8个代表点分别为X=1 467.5cm、1 767.5cm、1 822.5cm、1 852.5cm、2 087.5cm、2 142.5cm、2 207.5cm、2 397.5cm;各点距离畸形波生成位置分别为-2.5、-0.6、-0.2、0、1.6、1.9、2.4、3.6倍的有效波长。

对于模拟畸形波Ⅳ,8个代表点分别为X=1 180.5cm、1 590.5cm、1 715.5cm、1 735.5cm、1 755.5cm、1 780.5cm、1 810.5cm、2 165.5cm;各点距离畸形波生成位置分别为-3.9、-1.0、-0.1、0、0.1、0.3、0.5、3.1倍的有效波长(“-”表示畸形波生成前)。

对于模拟畸形波Ⅴ,8个代表点分别为X=1 410.5cm、1 635.5cm、1 830.5cm、1 850.5cm、1 895.5cm、1 925.5cm、1 985.5cm、2 525.5cm;各点距离畸形波生成位置分别为-2.0、-1.0、-0.1、0、0.2、0.3、0.6、3.0倍的有效波长(“-”表示畸形波生成前)。

表3.13～表3.16分别汇总给出了四组畸形波的生成、演化过程中出现的不同特征波浪的畸形波参数。

畸形波Ⅱ生成、演化过程中出现的异常波浪的相关参数值 表3.13

出现位置(与畸形波生成位置的距离)	α_1	α_2	α_3	α_4	特征波浪形态
2.6倍有效波长	2.83	1.70	1.49	0.57	大波峰
1.3倍有效波长	3.64	7.23	1.47	0.47	深谷
0.6倍有效波长	3.79	1.12	2.39	0.65	准畸形波
0倍有效波长	4.40	2.25	2.74	0.66	畸形波
0.8倍有效波长	4.36	3.26	2.53	0.56	准畸形波
1.4倍有效波长	3.68	2.57	1.86	0.50	深谷
2.2倍有效波长	3.00	1.00	4.61	0.64	准畸形波
4.5倍有效波长	2.97	1.25	1.66	0.54	大波峰

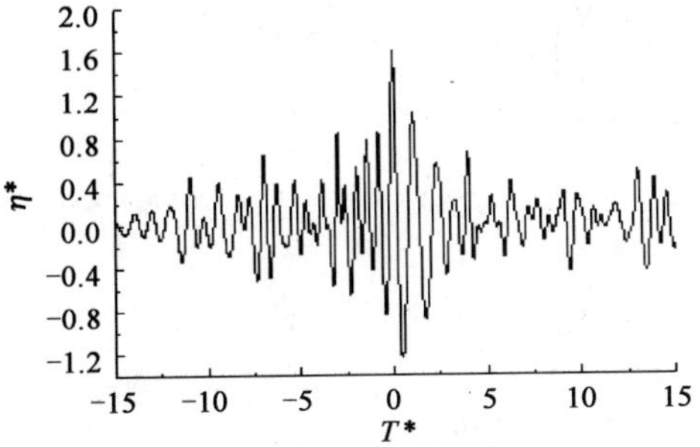

a) $a_1 \geqslant 2.0$大峰波

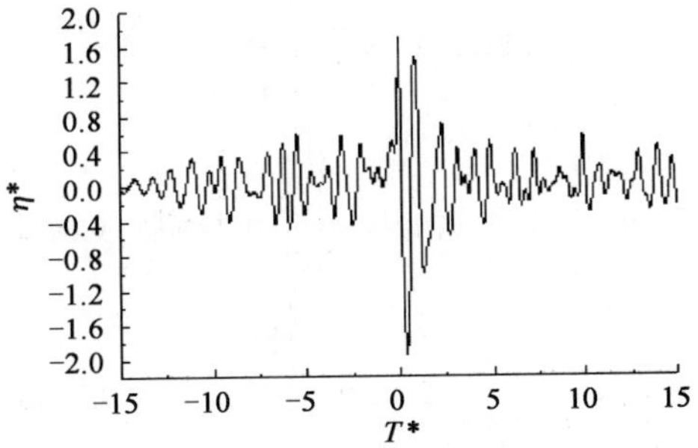

b) $a_1 \geqslant 2.0$，$a_2 \geqslant 2.0$深谷

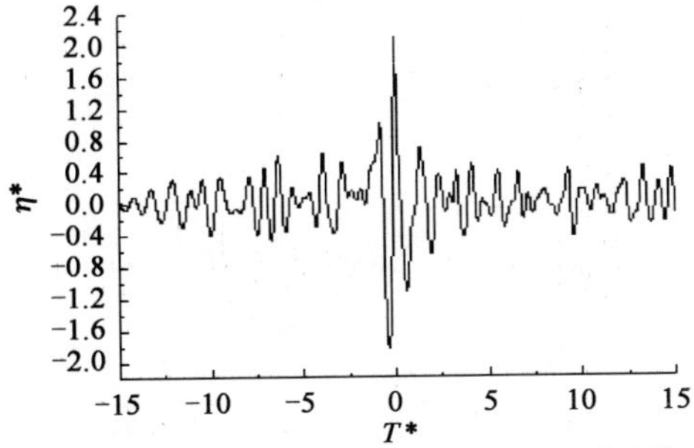

c) $a_1 \geqslant 2.0$，$a_3 \geqslant 2.0$，$a_4 \geqslant 0.65$准畸形波

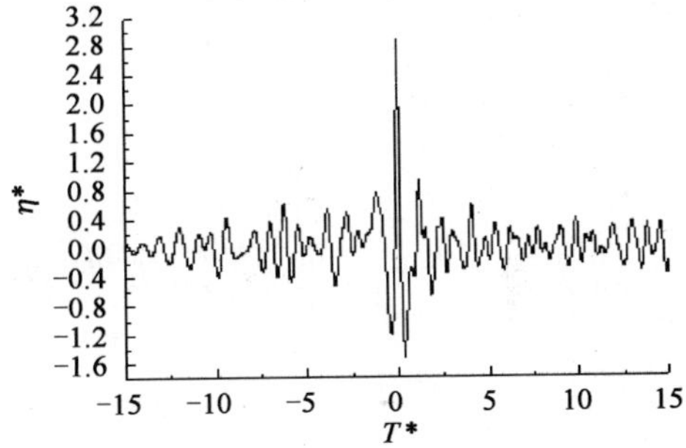

d) 畸形波

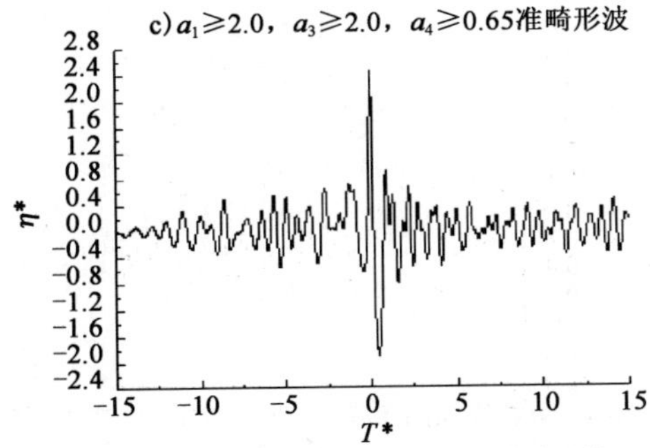

e) $a_1 \geqslant 2.0$，$a_2 \geqslant 2.0$，$a_3 \geqslant 2.0$准畸形波

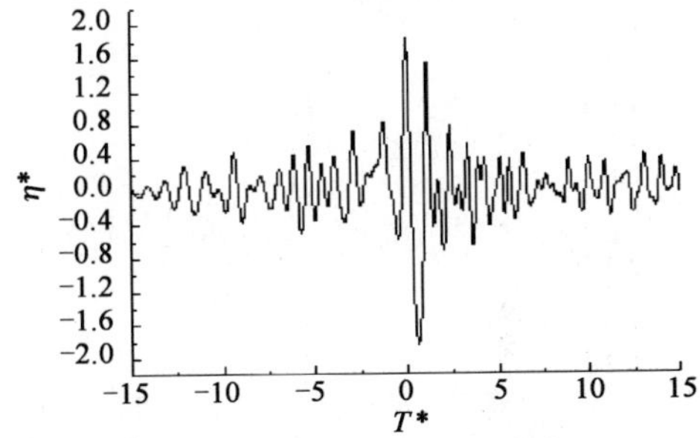

f) $a_1 \geqslant 2.0$，$a_2 \geqslant 2.0$深谷

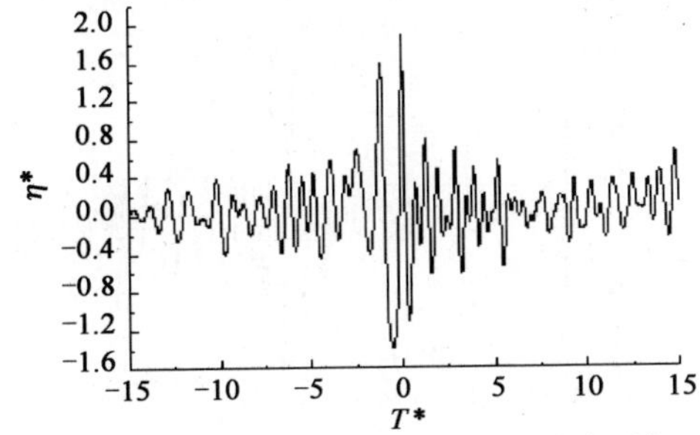

g) $a_1 \geqslant 2.0$，$a_3 \geqslant 2.0$，$a_4 \geqslant 0.65$准畸形波

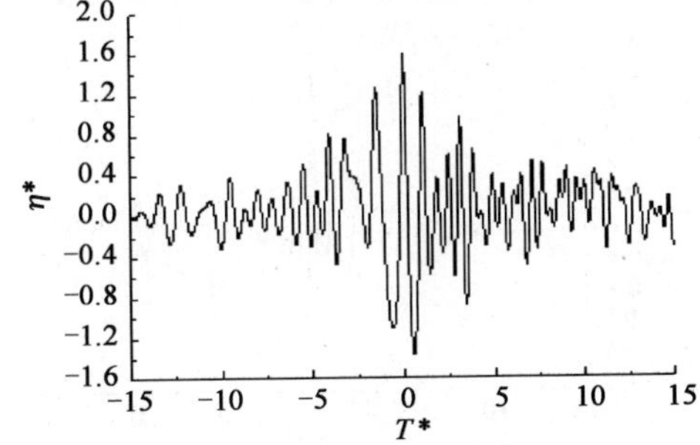

h) $a_1 \geqslant 2.0$大峰波

图 3.13　畸形波Ⅱ生成、演化过程中不同代表点波面时间过程

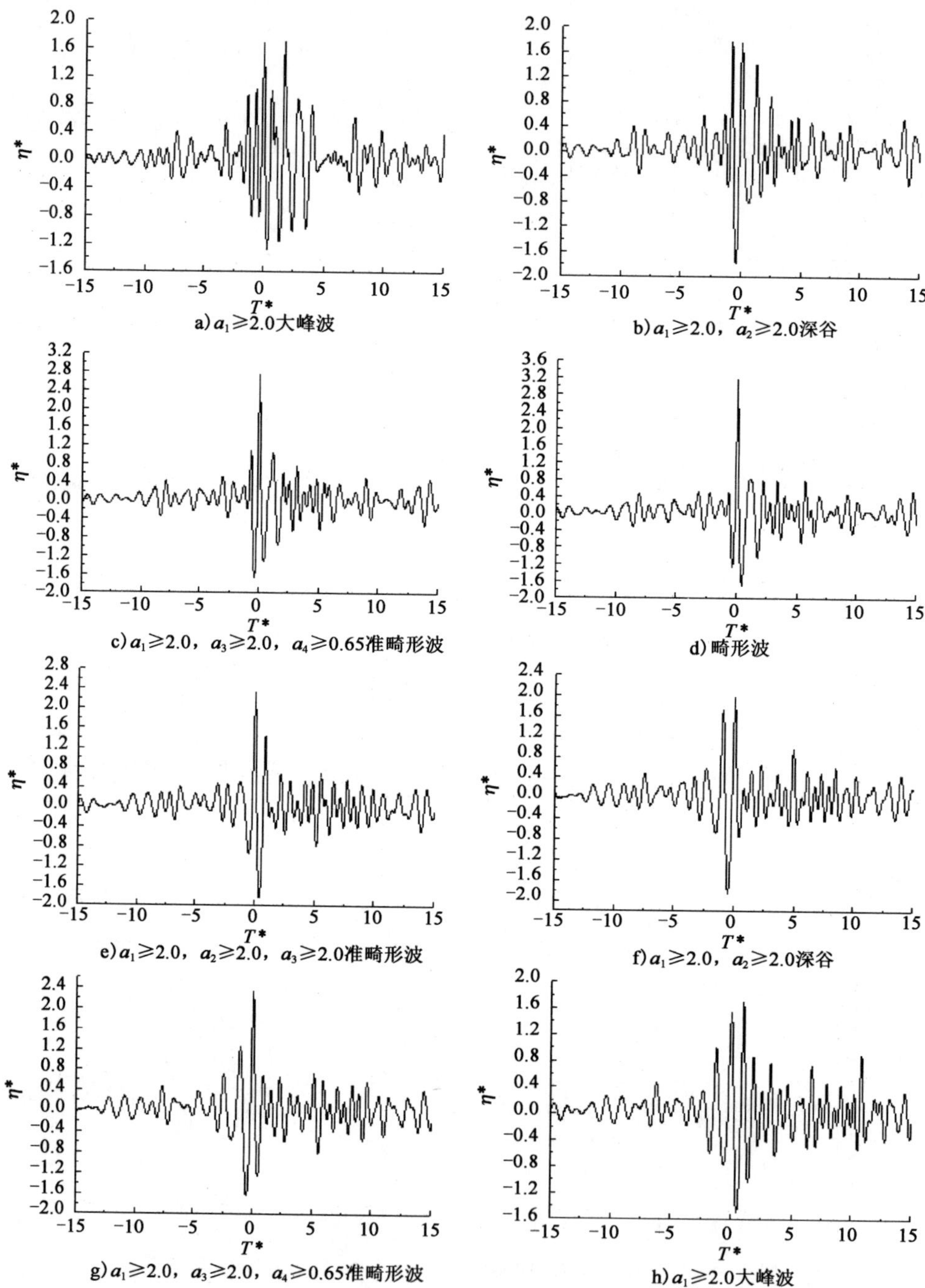

图 3.14　畸形波Ⅲ的生成、演化过程中不同代表点波面时间过程

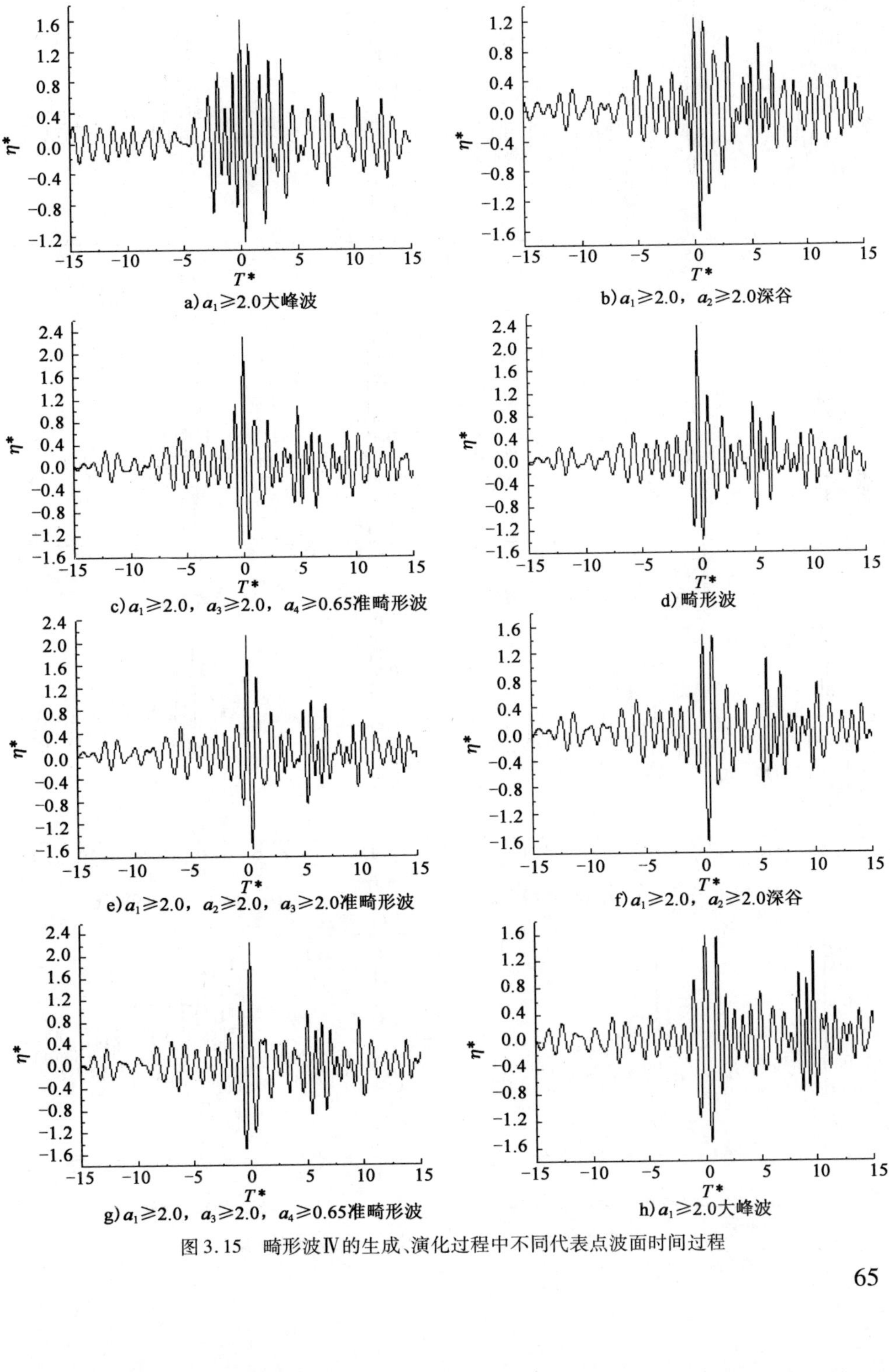

a) $a_1 \geq 2.0$大峰波

b) $a_1 \geq 2.0$，$a_2 \geq 2.0$深谷

c) $a_1 \geq 2.0$，$a_3 \geq 2.0$，$a_4 \geq 0.65$准畸形波

d) 畸形波

e) $a_1 \geq 2.0$，$a_2 \geq 2.0$，$a_3 \geq 2.0$准畸形波

f) $a_1 \geq 2.0$，$a_2 \geq 2.0$深谷

g) $a_1 \geq 2.0$，$a_3 \geq 2.0$，$a_4 \geq 0.65$准畸形波

h) $a_1 \geq 2.0$大峰波

图 3.15　畸形波Ⅳ的生成、演化过程中不同代表点波面时间过程

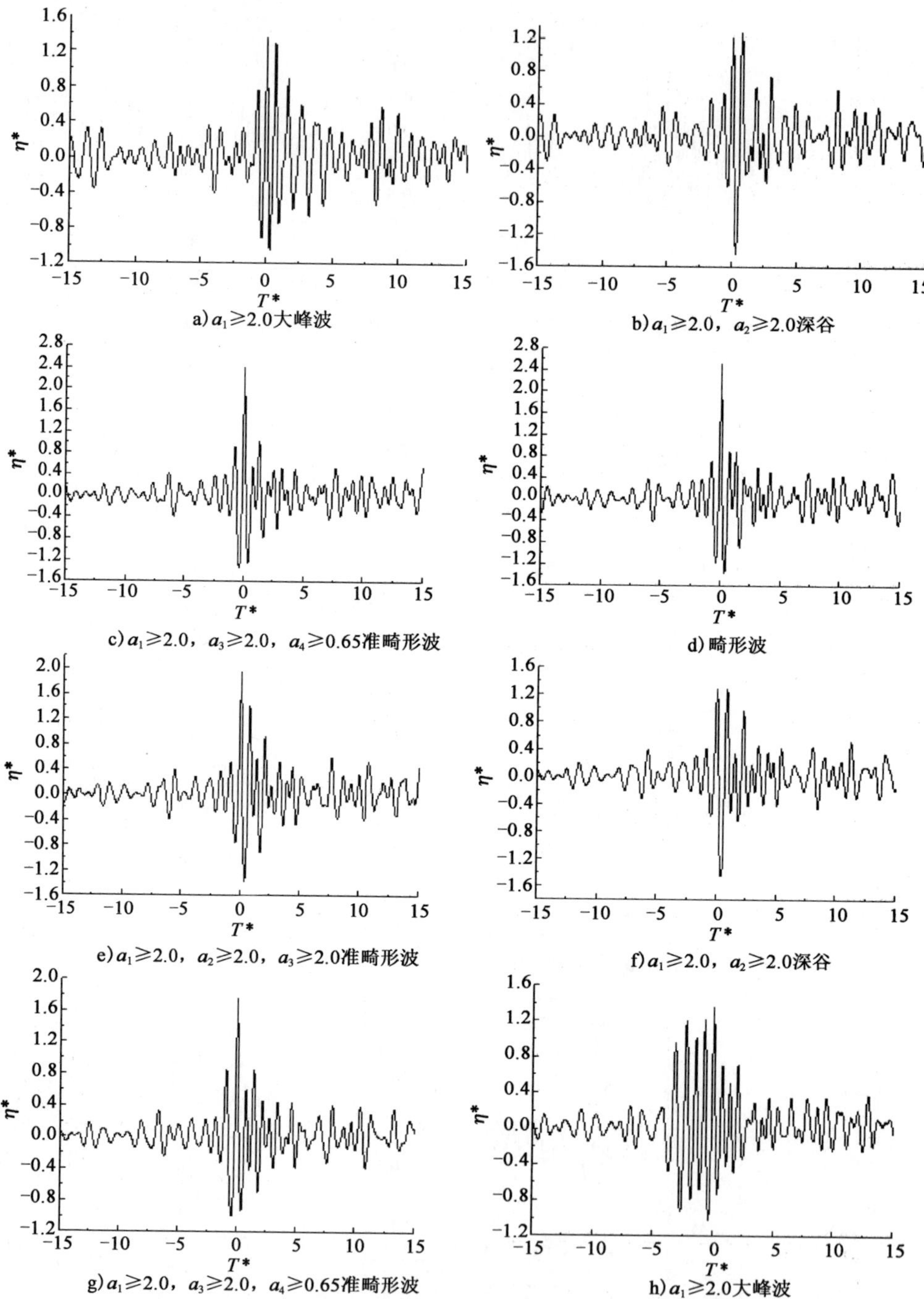

图 3.16　畸形波 V 的生成、演化过程中不同代表点波面时间过程

畸形波Ⅲ的生成、演化过程中出现的异常波浪的相关参数值 表 3.14

出现位置（与畸形波生成位置的距离）	α_1	α_2	α_3	α_4	特征波浪形态
2.5 倍有效波长	2.95	1.62	1.36	0.57	大波峰
0.6 倍有效波长	3.55	3.09	1.39	0.50	深谷
0.2 倍有效波长	4.05	1.46	2.02	0.68	准畸形波
0 倍有效波长	4.59	2.80	2.61	0.65	畸形波
1.6 倍有效波长	4.17	2.85	2.57	0.56	准畸形波
1.9 倍有效波长	3.59	2.88	1.33	0.48	深谷
2.4 倍有效波长	3.61	1.24	3.81	0.65	准畸形波
3.6 倍有效波长	3.05	1.71	1.11	0.51	大波峰

畸形波Ⅳ的生成、演化过程中出现的异常波浪的相关参数值 表 3.15

出现位置（与畸形波生成位置的距离）	α_1	α_2	α_3	α_4	特征波浪形态
3.9 倍有效波长	2.77	1.65	1.65	0.56	大波峰
1.0 倍有效波长	2.90	3.87	1.23	0.43	深谷
0.1 倍有效波长	3.62	1.40	2.41	0.65	准畸形波
0 倍有效波长	3.88	2.05	2.06	0.65	畸形波
0.1 倍有效波长	3.89	2.67	2.00	0.56	准畸形波
0.3 倍有效波长	3.20	2.59	1.38	0.48	深谷
0.5 倍有效波长	3.42	1.29	3.22	0.65	准畸形波
3.1 倍有效波长	3.18	1.50	1.31	0.51	大波峰

畸形波Ⅴ的生成、演化过程中出现的异常波浪的相关参数值 表 3.16

出现位置（与畸形波生成位置的距离）	α_1	α_2	α_3	α_4	特征波浪形态
2.0 倍有效波长	2.44	1.43	1.18	0.56	大波峰
1.0 倍有效波长	3.11	2.47	1.55	0.48	深谷
0.1 倍有效波长	3.96	1.61	4.65	0.66	准畸形波
0 倍有效波长	4.18	2.06	3.67	0.65	畸形波
0.2 倍有效波长	3.90	2.86	2.07	0.54	准畸形波
0.3 倍有效波长	3.39	2.81	1.48	0.48	深谷
0.6 倍有效波长	3.61	1.40	2.68	0.66	准畸形波
3.0 倍有效波长	2.67	1.32	1.08	0.54	大波峰

从连续大波出现到满足严格定义的畸形波生成为第一时段，再从满足严格定义的畸形波生成再回复到连续大波为第二时段，将两个时段叠加作为畸形波生成、演化过程的持续时间，则数值模拟畸形波Ⅱ、Ⅲ、Ⅳ、Ⅴ四组样本畸形波生成、演化过程持续时间分别为9，11，15和14倍的有效周期。对应的空间距离分别约为7、6、7和5倍的有效波长。

比较天然观测记录中畸形波（算例3个）的生成、演化过程和数值模拟畸形波（算例5个）生成、演化过程可知，它们的生成、演化过程完全类似。

表3.17汇总给出了5组数值模拟畸形波生成前、后出现的10次深谷的无量纲值。通过比较可知，对于该5组数值模拟畸形波算例，发生在畸形波生成、演化过程中的两次深谷的无量纲谷值基本相同。这一现象与分析天然畸形波得到的结果是一致的。

深谷相关参数值 表3.17

算例	α_{51}	α_{52}	α_{51}/α_{52}
畸形波Ⅰ	-1.37	-1.20	1.14
畸形波Ⅱ	-1.94	-1.84	1.05
畸形波Ⅲ	-1.78	-1.86	0.96
畸形波Ⅳ	-1.60	-1.62	0.99
畸形波Ⅴ	-1.44	-1.44	1.00

通过对3组天然波列和5组数值模拟波列中畸形波生成、演化过程综合分析比较可以看出：

（1）在畸形波生成前，首先会出现不完全满足畸形波全部定义的大峰波浪，该大浪的波高通常超过2倍有效波高。然后，该大浪可演化为波谷极大的波浪（对应的波谷俗称“深谷”），再逐渐发展会形成完全满足畸形波定义的畸形波；畸形波生成后，将首先演化为准畸形波（不同时满足畸形波定义的所有参数），然后出现较大的波谷，再演化成大波群，直至恢复到常规波浪形态。

（2）在畸形波生成、演化过程中出现的异常大波（均满足$\alpha_1>2$）同样会对船舶和海洋工程结构造成严重的危害，因此很多学者认为只要满足$\alpha_1>2$的波浪即可认为是畸形波是有一定根据的。

（3）畸形波生成前、后均有深谷出现，表明深谷和畸形波有伴生性。此外畸形波生成前、后出现的两次“深谷”的谷值基本相同。

（4）畸形波生成、演化过程（大波→深谷→畸形波→深谷→大波）持续的时间长度为5～15倍有效周期，空间范围为3～7倍有效波长。表明畸形波的时—

空寿命较短。此时一空过后,能否形成二次畸形波,有待进一步研究。

(5)若将畸形波生成、演化过程持续时间与有效周期的比值定义为畸形波无量纲演化时间,将无量纲演化时间内,两端大波出现位置的空间距离与有效波长的比值定义为畸形波无量纲演化空间,则前者远大于后者。天然观测记录中畸形波和数值模拟畸形波均有此规律。这是因为在畸形波演化过程中,最大波浪并不以自由水面传播形态向前行进,而是大波群与深谷相互转化、深谷与畸形波相互转化,且相邻的波浪间,能量和波面传播速度不同步会使最大波发生"突变"。

3.4 本章小结

采用第 2 章建立的数值模型,首先数值复演了 3 组天然实测包含畸形波或深谷的随机波列,续而数值模拟了 5 组包含畸形波的任意随机波列。在此基础上,对比分析了天然畸形波和数值模拟任意畸形波的生成过程及演变规律,得出了如下结论:

(1)在畸形波生成、演化过程中,最大波浪并不是一直以自由水面形态向前传播,会发生大波群与深谷相互转化、深谷与畸形波相互转化;相邻的波浪间,能量和波面传播速度不同步会使最大波发生"突变"。

(2)畸形波的生成、演化过程可归纳为:连续大波(大波群)→深谷→准畸形波→畸形波→准畸形波→深谷→连续大波。该过程持续的时间长度为 5 ~ 15 倍有效周期,空间范围为 3 ~ 7 倍有效波长。表明畸形波的时—空寿命均较短。

(3)在畸形波形成前、后均发生不满足严格畸形波定义的大峰波(满足 $\alpha_1 \geqslant 2$)和深谷。无论是大峰波(满足 $\alpha_1 \geqslant 2$)还是深谷,对工程的危害均可能超过常规大波浪(波高统计分布满足高斯分布或浅水分布的大波),就此意义而言,定义 $\alpha_1 > 2$ 的波浪为畸形波是有一定根据的。

由于本次模拟时—空长度有限,第一次畸形波生成过后,能否形成二次畸形波,有待进一步研究。

4 畸形波波面传播速度

波面的传播速度是波浪最基本和重要的特征参数之一。它的大小取决于周期、波幅(例如三阶以上的 Stokes 波)、波能传播速度和水深等因素。

波面传播速度与波浪水质点速度不同,更多反映了波浪的外部特征,常被应用于波浪破碎的运动学判定。因此,要想深入的了解一种波浪,就不能忽视对其传播速度的研究。对于畸形波波面传播速度的研究不仅有助于深入和全面了解畸形波的生成机理及演化过程,还可以应用到畸形波的预报方面。

目前已有一些关于畸形波传播速度的计算方法,其中包括使用高阶 Stokes 波理论近似估算和物理试验方法等。畸形波是一种临近破碎的"瞬态"波浪,与 Stokes 波存在本质的区别,因此第一种方法仅能用于粗略的估算,很难得到令人满意的结果。物理试验方法相对较为可靠,但花费较高。具体做法为,用两固定点间的距离除以畸形波波峰通过两点的时间来计算畸形波的波面传播速度。

本章选用 32 个测点捕捉畸形波波峰的运动轨迹随时间的变化,从而计算畸形波的波面传播速度。然后基于传播速度计算结果,使用回归分析方法,给出畸形波波面传播速度的半经验、半理论计算公式。

4.1 波面传播速度物理模型试验

4.1.1 试验方法

在此首先说明,通过物理模型试验获取波面传播速度的方法不是直接测试波面传播速度,而是通过测定一定空间范围内一定间距代表点上的波面时间过程,并通过计算得到波面的传播速度。严格意义而言,这是一个近似的方法。

假定在足够短的时段内,波面保持稳定(不变形或微小变形),记录相邻两个测波位置的波面时间过程,获取"同一波峰"(理论上,对随机波浪而言,此波

峰非彼波峰，但在足够短的时段内近似认为此波峰即彼波峰）通过两个测波位置的时刻，将相邻两个测波位置间距除以“同一波峰”通过两个测波位置的时间间隔定义为该波浪的波面传播速度。

4.1.2 试验设计

1）试验组别

考虑到波面传播速度与周期、波高及水深等因素有关。为了分析波面传播速度与上述各影响因素的关系，固定试验水深（相对水深不同），变化有效波高、谱峰周期；为了得到不同特征的畸形波，还变化了波列的组成波随机相位（对于相同目标谱采用不同的伪随机相位），物理模拟 284 组包含畸形波的随机波列。试验组别汇总于表 4.1。

畸形波传播速度试验组别 表 4.1

水深 d(cm)	谱峰周期 T_p(s)	有效波高 H_s(cm)	相对波高 H_s/d	相对水深 d/L	造波伪随机相位序列
50	0.8	2.0 ~ 5.0	0.04 ~ 0.10	0.50	Ⅰ ~ Ⅳ
	1.0	2.0 ~ 5.0	0.04 ~ 0.10	0.33	Ⅴ ~ Ⅷ
	1.2	2.0 ~ 6.0	0.04 ~ 0.12	0.24	Ⅸ ~ Ⅻ
	1.4	2.0 ~ 8.0	0.04 ~ 0.16	0.19	XIII ~ XVI
	1.6	2.0 ~ 8.0	0.04 ~ 0.16	0.16	XII ~ XX
	1.8	2.0 ~ 8.0	0.04 ~ 0.16	0.14	XXI ~ XXIV
	2.0	2.0 ~ 10.0	0.04 ~ 0.20	0.12	XXV ~ XXVIII
	2.2	2.0 ~ 10.0	0.04 ~ 0.20	0.11	XXIX ~ XXXII
	2.5	2.0 ~ 10.0	0.04 ~ 0.20	0.01	XXXIII ~ XXVI
	2.7	2.0 ~ 10.0	0.04 ~ 0.20	0.09	XXXVII ~ XL

2）浪高仪布置

在 620cm 范围内，共布置 32 个浪高仪，间距为 20cm。第一台浪高仪距造波机 18m。浪高仪在试验水槽中的总体布置如图 2.5 所示。

3）波面时间过程采集

波面高度测量选用 DS30 型测波系统（详见 2.2.1 节），采样时间间隔设定为 0.02s。采集波面时间过程长度为 81.92 ~ 327.68s（与波列平均周期有关），该波面时间过程长度包含 100 个以上波浪（采用上跨零点法统计）。

4.1.3 试验结果

1)波面传播速度的计算步骤

(1)从采集的波面时间过程中,获取某波峰到达第 j 个测波仪对应的时刻 t_j,及该波峰到达第 $j+1$ 个测波仪对应的时刻 t_{j+1},则该波峰通过两相邻测波仪的时间间隔为 $\Delta t_j = t_{j+1} - t_j$。

(2)记第 j 个测波仪到第 $j+1$ 个测波仪的间距为 $\Delta X_j = X_{j+1} - X_j$,则对应该波浪的波面在该时、空内的传播速度 C_j 可近似为(近似的含义为,假定 Δt_j 时段内,波面保持稳定):

$$C_j = \frac{\Delta X_j}{\Delta t_j}$$

为了考察上述近似方法计算波面传播速度的可靠性,选择任意随机波列中某一"准畸形波"为例,分析该波浪通过 6 个测波仪波面传播速度的变化。

选取的"准畸形波",通过第 j 个测波仪器时的波面参数为:$\alpha_1 = 3.13$,$\alpha_2 = 1.7$,$\alpha_3 = 2.0$ 和 $\alpha_4 = 0.72$,通过第 $j+1$ 个测波仪器时的波面参数为:$\alpha_1 = 2.87$,$\alpha_2 = 2.32$,$\alpha_3 = 2.02$ 和 $\alpha_4 = 0.79$……通过第 $j+5$ 个测波仪器时的波面参数为:$\alpha_1 = 4.14$,$\alpha_2 = 3.54$,$\alpha_3 = 2.80$ 和 $\alpha_4 = 0.57$。

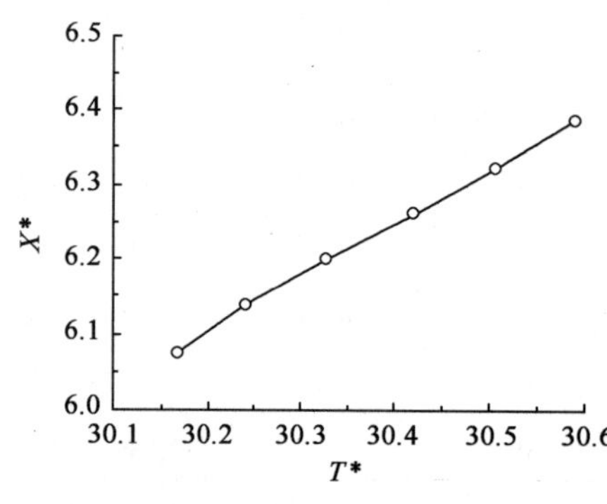

图 4.1 一定时—空内波面传播速度的变化

图 4.1 给出了所选取的"准畸形波"在各时、空区间波面的无量纲传播速度。图中纵坐标 X^* 为 6 个测波仪的空间位置距离造波边界的无量纲距离($X^* = X/L_p$,L_p 表示谱峰周期对应的波长);横坐标 T^* 为该波浪的波峰通过 6 个测波仪时的无量纲时间($T^* = t/T_p$)。每段折线的斜率则代表该时、空区间内波面的无量纲传播速度,各点连线的斜率变化即为波面传播速度的变化。

由图 4.1 可见,各点连线的斜率变化不大,即各时—空区间波面的无量纲传播速度变化不大,表明采用 $C_j = \Delta X_j / \Delta t_j$ 分析畸形波及"准畸形波"波面传播速度具有一定的可靠性。

2)畸形波波面传播速度的计算步骤

(1)对于每组实验,在 32 个测点采集的波面时间序列中,找出满足 $\alpha_1 \geqslant 2.0$,$\alpha_2 \geqslant 2.0$,$\alpha_3 \geqslant 2.0$ 和 $\alpha_4 \geqslant 0.65$ 的畸形波。假定在第 j 个测波点开始发现畸形

波，在第 m 个测波点畸形波消失（不满足 $\alpha_1 \geqslant 2.0, \alpha_2 \geqslant 2.0, \alpha_3 \geqslant 2.0$ 和 $\alpha_4 \geqslant 0.65$），则记录 $j \sim m-1$ 各点采集到的畸形波对应的波高 H_j、H_{j+1}、$H_{j+2} \cdots H_{m-1}$ 对应的周期 T_j、$T_{j+1} \cdots T_{m-1}$（周期采用上跨零点法统计）。

（2）将在第 $j \sim m-1$ 个测点采集到的畸形波的波高和周期取平均值记为 H_0、T_0。

（3）采用 $C_j = \Delta X_j / \Delta t_j$ 计算 $j \sim m-1$ 点记录的各畸形波的波面速度。

（4）将 $j \sim m-1$ 点记录的各畸形波的波面速度的平均值，作为波高和周期分别为 H_0、T_0 的畸形波的波面传播速度。

使用该方法计算畸形波波面传播速度较仅用两个测点计算畸形波波面传播速度更加稳定。为了显示该方法的优越性，从 284 组物理实验结果中选出 10 组畸形波，这 10 组畸形波除波高不同外，所有实验条件完全相同。分别使用多点平均法和两点法（用两固定点的距离除以畸形波波峰经过两点所用时间计算畸形波传播速度）计算这 10 组畸形波的传播速度，并将计算结果进行对比。

表 4.2 给出了所选的 10 组畸形波的波高及使用上述两种方法计算的波面传播速度的结果。在图 4.2 中给出使用两种方法计算的畸形波波面传播速度随波高变化的对比。

使用两点法和多点平均法计算畸形波传播速度的结果比较 表 4.2

方法	H_j(cm)	C(cm/s)	方法	H_0(cm)	C(cm/s)
两点法	5.29	133.34	多点平均法	5.18	128.55
	6.97	133.34		6.83	129.87
	8.19	142.86		8.30	136.14
	9.68	142.86		9.84	138.09
	11.24	185.70		13.28	144.30
	13.23	159.10		13.93	155.27
	16.08	166.68		16.45	161.12
	16.71	187.50		17.03	165.62
	19.82	159.10		19.07	172.07
	21.00	200.00		21.00	185.32

从图 4.2 中可以明显看出，多点平均法计算的传播速度结果更为稳定。

3）畸形波波面传播速度的计算结果

表 4.3 汇总给出了采用多点平均法计算得到的 284 组物理模拟畸形波的波面传播速度。

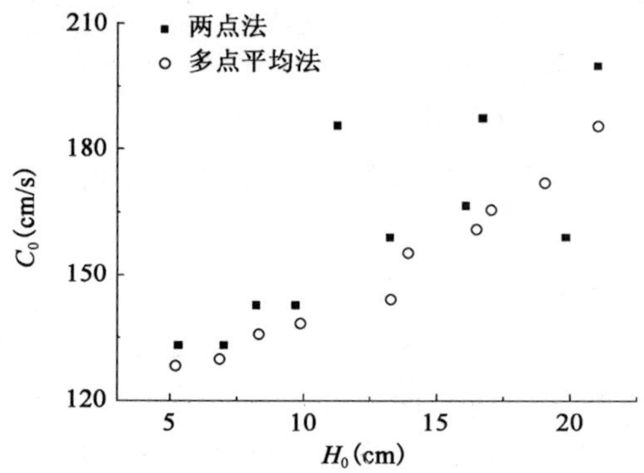

图 4.2 两点法和多点平均法计算的畸形波传播速度随波高变化的对比

物理模拟畸形波波面传播速度汇总 表 4.3

编号	H_0(cm)	T_0(s)	C_0(cm/s)	编号	H_0(cm)	T_0(s)	C_0(cm/s)
1	14.08	1.33	152.54	20	14.78	1.33	163.41
2	13.97	1.33	148.06	21	13.89	1.37	141.44
3	13.17	1.32	133.68	22	14.24	1.41	153.54
4	13.06	1.31	142.80	23	20.69	2.27	202.24
5	12.47	1.33	131.96	24	17.17	2.18	197.55
6	11.43	1.34	117.65	25	16.42	2.18	195.71
7	11.87	1.34	125.44	26	14.35	2.14	191.10
8	9.21	1.34	122.73	27	14.35	2.14	184.20
9	8.98	1.36	120.47	28	12.26	2.26	190.73
10	6.27	1.29	118.88	29	12.80	2.12	184.82
11	4.70	1.24	127.09	30	12.38	2.10	181.68
12	9.42	1.34	125.01	31	11.40	2.09	185.06
13	14.58	1.36	153.33	32	9.22	2.09	183.09
14	14.68	1.37	160.20	33	7.85	2.02	155.75
15	15.78	1.37	173.63	34	5.00	2.04	144.02
16	15.94	1.36	169.53	35	12.06	2.42	177.56
17	16.36	1.39	178.23	36	14.88	1.41	161.36
18	17.15	1.40	177.16	37	13.34	1.54	145.40
19	16.29	1.39	176.29	38	15.35	1.45	153.94

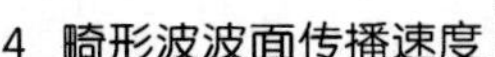

续上表

编号	H_0(cm)	T_0(s)	C_0(cm/s)	编号	H_0(cm)	T_0(s)	C_0(cm/s)
39	14.51	1.45	153.67	69	12.94	1.69	133.92
40	14.86	1.46	155.17	70	6.94	1.60	123.36
41	14.00	1.43	155.24	71	13.76	2.41	185.92
42	13.81	1.39	158.12	72	19.84	1.98	198.93
43	13.94	1.41	154.12	73	19.48	1.97	192.61
44	14.12	1.40	157.08	74	17.26	1.92	184.21
45	15.08	1.43	158.51	75	17.64	1.89	184.44
46	15.17	1.43	157.14	76	14.85	1.82	174.44
47	13.03	1.34	151.02	77	14.81	1.81	181.38
48	13.44	1.34	158.31	78	14.64	1.79	173.60
49	14.47	1.36	160.01	79	13.68	1.72	161.10
50	12.41	1.43	152.05	80	11.94	1.77	165.08
51	13.58	1.39	163.39	81	11.15	1.72	150.37
52	14.94	1.41	172.18	82	9.96	1.75	143.33
53	15.99	1.48	162.76	83	7.93	1.78	155.34
54	15.91	1.47	161.71	84	5.00	1.58	131.19
55	14.93	1.41	162.67	85	3.54	1.52	123.92
56	11.26	1.23	130.76	86	13.10	1.76	151.15
57	14.91	1.33	163.89	87	12.35	1.44	157.43
58	14.63	1.33	159.88	88	10.85	1.49	144.01
59	14.58	1.33	154.30	89	13.62	1.40	144.05
60	13.36	1.29	158.09	90	20.58	1.58	196.94
61	14.91	1.36	175.00	91	17.93	1.60	187.17
62	12.78	1.29	153.05	92	15.88	1.55	182.36
63	12.57	1.45	149.85	93	15.13	1.54	151.84
64	12.14	1.43	151.51	94	12.12	1.48	138.40
65	13.47	1.46	154.52	95	14.43	1.48	148.30
66	15.67	1.73	175.29	96	9.95	1.50	134.06
67	15.16	1.70	151.29	97	8.50	1.45	124.58
68	14.79	1.70	148.29	98	5.89	1.48	123.89

续上表

编号	H_0(cm)	T_0(s)	C_0(cm/s)	编号	H_0(cm)	T_0(s)	C_0(cm/s)
99	12.92	1.65	163.24	129	11.80	1.99	172.89
100	13.86	1.51	148.45	130	12.13	2.01	168.43
101	13.19	1.88	157.39	131	11.58	2.01	169.68
102	12.80	1.72	147.65	132	7.07	1.95	146.59
103	13.10	1.68	147.45	133	4.59	1.97	157.06
104	14.07	1.73	151.56	134	21.81	2.71	204.56
105	14.55	1.69	159.12	135	16.91	2.52	196.13
106	11.38	1.78	158.77	136	11.71	1.95	170.74
107	4.70	1.60	119.42	137	10.73	1.93	172.90
108	10.62	1.77	153.26	138	10.59	1.99	173.71
109	11.18	2.68	197.52	139	9.20	1.85	171.77
110	9.45	2.65	193.21	140	9.24	1.88	171.18
111	11.86	2.67	194.40	141	9.12	2.30	147.79
112	14.36	2.69	199.06	142	6.42	2.24	148.68
113	13.90	2.64	197.68	143	12.06	2.42	177.56
114	13.37	2.57	190.19	144	12.34	2.08	162.51
115	13.54	2.55	191.60	145	12.72	2.09	169.03
116	13.49	2.56	194.48	146	13.03	2.15	164.73
117	9.31	2.51	183.13	147	13.63	2.11	168.24
118	8.86	2.50	180.21	148	14.64	2.13	166.94
119	20.34	2.25	202.18	149	9.82	2.05	163.90
120	20.89	1.76	206.31	150	14.61	1.97	160.69
121	18.25	2.17	176.87	151	16.17	1.96	148.06
122	16.53	2.08	175.73	152	14.46	1.97	158.36
123	16.89	2.09	171.21	153	15.20	1.98	145.05
124	10.97	1.97	172.29	154	14.51	1.98	186.18
125	13.81	2.01	171.15	155	14.61	1.98	187.62
126	13.47	2.03	171.30	156	15.91	1.98	187.94
127	14.87	2.04	167.81	157	13.23	1.96	181.23
128	14.52	2.04	180.04	158	13.82	1.97	181.10

续上表

编号	H_0(cm)	T_0(s)	C_0(cm/s)	编号	H_0(cm)	T_0(s)	C_0(cm/s)
159	14.65	1.96	185.41	189	15.75	2.09	177.27
160	9.10	1.92	154.46	190	13.18	2.49	187.57
161	9.93	1.93	155.19	191	15.55	2.54	188.82
162	12.07	1.74	174.02	192	15.33	2.27	191.85
163	12.74	1.75	173.41	193	13.93	2.72	193.44
164	13.07	1.75	174.69	194	13.05	2.70	190.83
165	12.13	1.75	174.99	195	8.03	0.87	100.20
166	10.70	1.80	161.78	196	7.92	0.85	94.88
167	15.22	1.96	179.12	197	5.93	0.75	82.62
168	11.62	2.02	163.81	198	4.83	0.72	71.97
169	15.81	2.24	172.98	199	8.98	0.87	121.67
170	12.90	1.80	151.29	200	10.11	1.01	128.70
171	13.78	1.88	158.97	201	9.46	0.91	114.86
172	14.78	1.89	156.32	202	9.69	0.88	117.52
173	14.26	1.88	156.87	203	9.86	0.87	110.66
174	18.78	1.95	194.83	204	9.75	0.87	110.66
175	13.06	1.51	133.59	205	12.71	1.08	138.79
176	15.58	2.35	190.79	206	12.06	1.03	129.37
177	14.27	2.27	188.67	207	10.51	1.07	140.35
178	14.95	1.83	162.89	208	10.14	1.05	124.99
179	18.04	2.26	188.53	209	10.22	1.12	132.40
180	13.47	2.13	161.39	210	6.12	1.10	110.66
181	12.45	2.13	159.67	211	5.81	1.23	105.17
182	14.38	2.28	179.41	212	12.34	1.16	145.02
183	14.07	2.26	178.39	213	13.07	1.81	163.04
184	12.86	1.82	176.23	214	8.14	1.14	125.01
185	13.83	1.87	178.44	215	8.08	1.27	105.17
186	14.31	2.32	178.15	216	10.55	1.20	133.01
187	14.48	2.28	176.23	217	10.59	1.34	126.25
188	14.53	2.06	177.55	218	8.94	1.42	118.59

续上表

编号	H_0(cm)	T_0(s)	C_0(cm/s)	编号	H_0(cm)	T_0(s)	C_0(cm/s)
219	10.20	1.45	130.44	249	9.92	1.13	136.94
220	11.21	1.36	132.18	250	14.57	2.04	181.04
221	10.14	1.35	126.57	251	13.80	2.03	182.89
222	10.44	1.64	131.31	252	18.55	1.91	195.39
223	9.57	1.65	129.63	253	17.44	1.82	170.04
224	10.18	1.64	137.14	254	17.04	1.79	165.01
225	10.24	1.64	149.64	255	14.88	1.78	164.80
226	9.84	1.70	138.09	256	14.92	1.75	161.99
227	5.18	1.63	140.54	257	14.77	1.71	173.44
228	6.83	1.67	129.87	258	13.39	1.72	169.15
229	8.30	1.69	136.14	259	12.86	1.72	168.08
230	13.28	1.75	144.30	260	11.45	1.74	166.37
231	13.93	1.76	155.27	261	8.96	1.75	143.81
232	16.45	1.76	161.12	262	6.93	1.74	135.79
233	17.03	1.76	165.62	263	5.40	1.68	121.78
234	19.07	1.78	172.07	264	3.22	1.62	132.79
235	19.04	1.78	190.32	265	14.46	1.43	152.54
236	10.21	1.35	127.90	266	13.86	1.43	148.06
237	9.16	1.51	148.66	267	13.49	1.42	143.68
238	10.10	1.54	144.71	268	13.22	1.41	140.44
239	9.67	1.68	145.14	269	12.19	1.43	140.36
240	10.14	1.69	148.27	270	11.43	1.44	137.58
241	9.82	1.73	150.40	271	10.87	1.44	135.44
242	9.48	1.76	162.88	272	9.21	1.44	132.73
243	10.49	1.94	159.09	273	7.98	1.46	130.47
244	10.02	1.92	175.75	274	5.54	1.49	128.68
245	9.91	2.07	156.72	275	4.20	1.44	121.09
246	10.94	0.92	125.01	276	20.66	2.15	202.37
247	12.48	2.03	179.30	277	19.77	2.06	196.61
248	14.99	2.04	177.81	278	17.45	2.07	186.87

续上表

编号	H_0(cm)	T_0(s)	C_0(cm/s)	编号	H_0(cm)	T_0(s)	C_0(cm/s)
279	15.55	2.04	177.73	282	9.35	2.02	169.33
280	14.82	2.09	172.22	283	7.07	1.99	146.44
281	11.08	2.03	174.46	284	4.09	1.99	126.31

4.2 有限水深条件下畸形波传播速度

4.2.1 计算公式的拟合

畸形波属于强非线性波浪。在诸多非线性波浪理论中，Stokes 高阶波浪理论对水深和非线性特性具有较为广泛的适应性。故在此以 Stokes 波理论为出发点，探讨畸形波波面传播速度的半经验、半理论计算方法。

在三阶 Stokes 波理论中，将波面的传播速度 C 描述为：

$$C = \frac{gT}{2\pi}\tanh kd + [\varepsilon f(kd)]^2 \frac{gT}{2\pi}\tanh kd \tag{4.1}$$

式中，ε 为波陡；$\varepsilon f(kd)$ 为广义波陡；$f(kd) = \sqrt{\frac{(7+2\cosh^2 2kd)}{8\sinh^4 kd}}$ 称为波陡修正系数或广义波陡系数；k 为波数；d 为水深；T 为周期；g 为重力加速度。

式(4.1)中，波数 k，波陡 ε 由如下两式联合求解得到[101]：

$$H = 2\frac{\varepsilon}{k}\left[1 + \frac{3\varepsilon^2(1+8\cosh^3 kd)}{64\sinh^6 kd}\right] \tag{4.2}$$

$$\frac{4\pi^2}{gT^2} = k\tanh kd\left[1 + \frac{\varepsilon^2(7+2\cosh^2 2kd)}{8\sinh^4 kd}\right] \tag{4.3}$$

式中，H 为波高。

从式(4.1)可以看出，三阶 Stokes 波的波面传播速度由两部分组成，即：线性项，式(4.1)第一项；非线性项，式(4.1)第二项。非线性项由线性项与修正波陡 $\varepsilon f(kd)$ 平方的乘积组成。修正波陡系数 $f(kd)$ 可以看成是一个可考虑相对水深的非线性影响系数。它是关于无量纲水深 kd 的减函数。换言之，水深越浅，$f(kd)$ 越大，它与 ε 的乘积也就越大，非线性项对传播速度的影响就越大。

类比三阶 Stokes 波理论对波面传播速度的描述。对畸形波，同样将波面传播速度看作线性项，即式(4.1)第一项和非线性项的叠加。考虑畸形波与三阶 Stokes 波的差异，对畸形波波面传播速度的非线性项做如下处理。

将式(4.1)中关于三阶 Stokes 波的修正波陡 $\varepsilon f(kd)$ 的二次函数改写成一个关于修正波陡的未知函数形式，记为 $E[\varepsilon f(kd)]$。

则畸形波波面传播速度 C_0 可描述为：

$$C_0 = \frac{gT_0}{2\pi}\tanh k_0 d + E[\varepsilon_0 f(k_0 d)]\frac{gT_0}{2\pi}\tanh k_0 d \tag{4.4}$$

式中，C_0 为畸形波传播速度；ε_0 为畸形波波陡；k_0 为畸形波波数；T_0 为畸形波周期。ε_0 和 k_0 由式(4.2)和式(4.3)联立求解。

为了确定未知函数 $E[\varepsilon f(kd)]$，将式(4.4)改写为：

$$\frac{C_0}{\frac{gT_0}{2\pi}\tanh k_0 d} = 1 + E[\varepsilon_0 f(k_0 d)] \tag{4.5}$$

显然式(4.5)的左端项为畸形波波面的无量纲传播速度，记为：

$$y_0 = \frac{C_0}{\frac{gT_0}{2\pi}\tanh k_0 d}$$

记式(4.5)的右端项中畸形波广义波陡 $\varepsilon_0 f(k_0 d)$ 为 x_0：

则有：

$$y_0 = 1 + E(x_0) \tag{4.6}$$

基于 284 组物理模型试验得到的畸形波波面传播速度(参见表 4.3)，无量纲化后得到 y_0，通过计算得到各组畸形波广义波陡 ε_0，将上述两参数分别为纵、横坐标，在笛卡尔直角坐标系建立两者的联系，得到图 4.3。

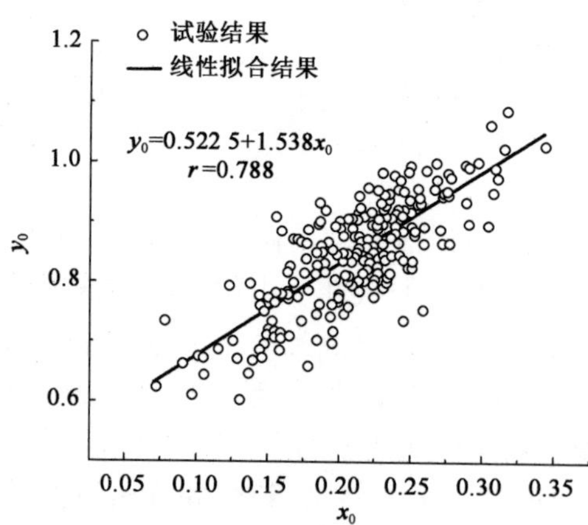

图 4.3 基于试验数据得到的畸形波无量纲波面传播速度与广义波陡的关系

由图 4.3 可见，在试验范围内，畸形波波面的无量纲传播速度与广义波陡基本呈线性关系。

即待定函数 $E(x_0)$ 可以写成线性形式：

$$E(x_0) = Kx_0 + b \tag{4.7}$$

于是有：

$$y_0 = 1 + E(x_0) = 1 + Kx_0 + b = Kx_0 + b^* \tag{4.8}$$

式中，b^* 为待定常数。式(4.8)即为待定系数的回归方程。

回归方程确定以后，通过线性回归

得到：

$$y_0 = 0.5225 + 1.538x_0$$

至此，基于试验得到的畸形波波面传播速度 C_0 计算公式可描述为：

$$C_0 = \frac{gT_0}{2\pi}\tanh k_0 d + [1.538\varepsilon_0 f(k_0 d) - 0.4775]\frac{gT_0}{2\pi}\tanh k_0 d \tag{4.9}$$

4.2.2 计算公式的可靠性检验

理论上，基于有限试验数据拟合得到的半经验、半理论公式需要通过统计检验，主要包括对方程拟合优度的评价和显著性检验两部分。

评价回归模型拟合优度常见的方法就是检验相关系数，相关系数越高表明回归模型拟合程度越优。显著性检验的内容主要包括两方面，一是对整个回归方程的显著性检验（F 检验），另一个是对各回归系数的显著性检验（t 检验）。就一元线性回归方程而言，F 检验和 t 检验是等价的，此处选用 F 检验对回归模型的显著性进行检验。

基于数理统计原理[102]，当显著水平 $\alpha = 0.01$，观测数据组数 $n_a = 11$ 时，相关系数临界值为 $R_a = 0.735$，检验统计量 F 的临界值 $F_a = 10.6$，观测数据组数越多，各检验系数的临界值越小。

对公式(4.9)的回归分析中，观测组数 $n = 284 \gg n_a = 11$，相关系数 $R = 0.788 > R_a = 0.735$，表明拟合程度较优；统计量 $F = 468 \gg F_a = 10.6$，表明公式(4.9)可以通过显著性检验。

综合上述检验结果，可以认为在试验范围内，公式(4.9)用于计算畸形波波面传播速度具有较高的可靠性。

4.3 深水条件下畸形波传播速度

4.3.1 计算公式的拟合

在此，讨论深水条件下畸形波的波面传播问题，深水指水深 d 与波长 L 之比大于 0.5 的情况。

理论上，当水深条件由有限水深变为深水时，$\tanh(kd)$ 和 $f(kd)$ 的值都近似为 1。故式(4.4)可简化为：

$$C_0 = \frac{gT_0}{2\pi} + E(\varepsilon_0)\frac{gT_0}{2\pi} \tag{4.10}$$

式(4.10)即为深水畸形波波面传播速度计算表达式。式中,$E(\varepsilon_0)$为关于波陡的未知函数。

为了确定未知函数$E(\varepsilon_0)$,采用与上节有限水深条件完全类同的方法,此处不再赘述。但需要说明的是,深水条件下畸形波波面传播速度计算样本来自数值模拟的包含畸形波的随机波列。

采用第2章建立的数值模型模拟了64组深水条件下(水深d与波长L之比大于0.5)的畸形波,来分析深水条件下畸形波传播速度。

数值模拟组别汇总于表4.4。记录波面高度位置的布置与物理模型试验相同,见图4.1。通过数值模拟,获得64组包含畸形波的随机波列后,采用与分析物理模拟畸形波波面传播速度相同的方法(多点平均法)计算数值模拟畸形波的波面传播速度。

畸形波传播速度数值模拟条件汇总 表4.4

水深 d(cm)	谱峰周期 T_p(s)	有效波高 H_s(cm)	相对波高 H_s/d	相对水深 d/L	造波伪随机相位序列
360	1.0	3.0~5.0	0.008~0.014	2.31	Ⅰ~Ⅱ
	1.2	3.0~6.0	0.008~0.017	1.60	Ⅲ~Ⅳ
	1.4	3.0~8.0	0.008~0.022	1.18	Ⅴ~Ⅵ
	1.6	3.0~8.0	0.008~0.022	0.90	Ⅶ~Ⅷ
	1.8	3.0~8.0	0.008~0.022	0.71	Ⅸ~Ⅹ
	2.0	3.0~10.0	0.008~0.028	0.58	Ⅺ~Ⅻ

表4.5汇总给出了采用多点平均法计算得到的64组深水条件下畸形波的波面传播速度。

数值模拟畸形波波面传播速度汇总 表4.5

编号	H_0(cm)	T_0(s)	C_0(cm/s)	编号	H_0(cm)	T_0(s)	C_0(cm/s)
1	10.80	1.73	175.27	9	11.61	2.19	235.26
2	10.60	1.89	177.31	10	10.23	2.42	249.19
3	11.00	1.76	188.98	11	9.78	2.72	254.36
4	11.85	1.93	198.46	12	10.91	2.36	224.63
5	10.94	2.09	198.91	13	12.81	2.41	236.81
6	12.44	2.04	206.31	14	13.61	2.61	256.27
7	10.59	1.95	207.13	15	10.50	0.96	134.76
8	11.45	2.18	224.79	16	15.61	1.09	155.98

续上表

编号	H_0(cm)	T_0(s)	C_0(cm/s)	编号	H_0(cm)	T_0(s)	C_0(cm/s)
17	13.27	1.09	149.88	41	22.5	1.49	113.49
18	12.03	1.33	140.64	42	7.2	1.07	138.71
19	11.37	1.70	161.54	43	9.7	1.48	143.58
20	10.57	1.85	196.74	44	12.2	1.34	168.00
21	9.87	1.71	170.80	45	14.3	1.33	158.43
22	11.17	1.94	172.73	46	19.2	1.35	122.34
23	12.42	2.38	204.04	47	6.6	1.06	134.76
24	14.18	2.10	196.22	48	12.9	1.04	153.37
25	11.11	2.37	214.59	49	11.4	1.53	164.82
26	10.07	2.25	203.95	50	13.6	1.58	160.87
27	10.96	2.08	187.92	51	17.9	1.49	133.22
28	10.26	2.28	203.04	52	7.5	1.17	128.07
29	14.65	2.30	230.06	53	10.1	1.19	198.52
30	11.52	2.20	202.46	54	12.6	1.74	196.32
31	11.95	2.56	231.66	55	14.9	1.65	177.99
32	14.71	2.73	234.39	56	20.3	1.68	122.64
33	24.97	2.57	129.82	57	12.4	1.01	138.79
34	9.3	1.22	133.45	58	8.8	1.3	156.93
35	11.5	1.25	162.34	59	11.5	1.31	154.03
36	13.5	1.2	119.80	60	13.6	1.26	174.27
37	8.4	1.05	167.39	61	17.3	1.32	109.24
38	11.3	1.58	177.20	62	6.3	1.03	127.18
39	13.8	1.51	176.10	63	9.1	1.02	148.81
40	16.8	1.48	166.36	64	12.5	1.10	129.82

图4.4给出了64组深水条件畸形波无量纲传播速度与波陡的关系。图中y_0表示深水畸形波波面的无量纲传播速度，$y_0 = C_0/(gT_0/2\pi)$；x_0表示畸形波波陡ε_0。

由图4.4可知,数值模拟的深水畸形波波面传播速度与波陡呈线性关系。故未知函数$E(\varepsilon_0)$可描述为线性形式：

$$E(\varepsilon_0) = K\varepsilon_0 + b \tag{4.11}$$

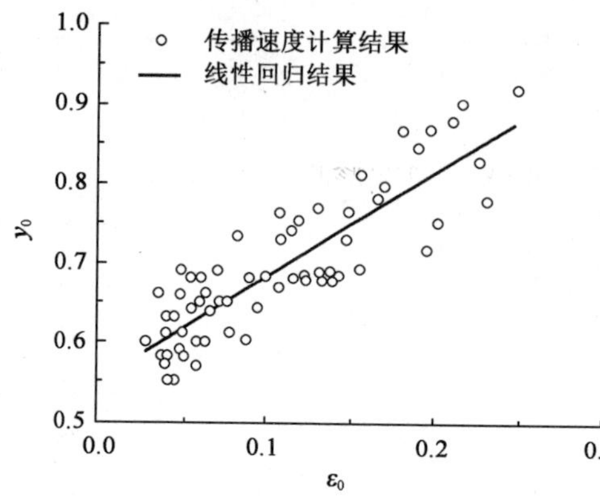

图 4.4　数值模拟深水畸形波无量纲传播速度与波陡的关系

为了确定未知函数 $E(\varepsilon_0)$ 中的待定系数，将式(4.10)改写为：

$$y_0 = 1 + E(x_0) = 1 + Kx_0 + b = Kx_0 + b^* \tag{4.12}$$

则可得到回归方程：

$$y_0 = b^* + K\varepsilon_0 \tag{4.13}$$

回归方程确定以后，通过线性回归得到：

$$y_0 = 0.55 + 1.318x_0$$

至此，基于数值模拟得到的深水畸形波波面传播速度 C_0 计算公式可描述为：

$$C_0 = \frac{gT_0}{2\pi} + (1.318\varepsilon_0 - 0.45)\frac{gT_0}{2\pi} \tag{4.14}$$

4.3.2　计算公式的可靠性检验

计算公式的可靠性检验，采用与有限水深条件下畸形波波面传播速度计算公式检验完全相同的方法，即采用检验相关系数方法评价方程拟合程度，采用 F 检验对方程的显著性进行检验。

基于数理统计原理[102]，当显著水平 $\alpha = 0.01$，观测数据组数 $n_a = 11$ 时，相关系数临界值为 $R_a = 0.735$，检验统计量 F 的临界值 $F_a = 10.6$。观测数据组数越多，检验系数的临界值越小。

对公式(4.14)的回归分析中，观测组数 $n = 64 > n_a = 11$，相关系数 $R = 0.87 > R_a = 0.735$，表明拟合程度较优；统计量 $F = 196.11 \gg F_a = 10.6$，表明公式(4.14)可以通过显著性检验。

综合上述检验结果，可以认为在模拟范围内，公式(4.14)用于计算深水畸形波波面传播速度具有较高的可靠性。

4.3.3　有限及无限水深条件下畸形波波面传播速度计算公式的统一

理论上，当水深由有限水深变为无限水深时，有限水深条件下畸形波波面传播速度计算公式应自动转化为深水条件下畸形波波面传播速度计算公式。

通过对比式(4.9)和式(4.14)可知，深水和有限水深条件下，两者非线性项的修正系数分别为：

(1)深水,$1.318\varepsilon^* - 0.45$。

(2)有限水深,$1.538\varepsilon^* - 0.4775$。

广义波陡 ε^* 在深水条件下 $\varepsilon^* = \varepsilon_0$。

显然,基于试验和数值模拟分别拟合的非线性项的修正系数差别很小。因此有理由将深水和有限水深的计算公式进行统一回归拟合。

将有限水深284组、深水64组计算结果统一采用有限水深计算公式(4.4)进行回归分析,得到深水和有限水深条件统一的畸形波波面传播速度计算公式为:

$$C_0 = \frac{gT_0}{2\pi}\tanh k_0 d + (1.5\varepsilon^* - 0.47)\frac{gT_0}{2\pi}\tanh k_0 d \tag{4.15}$$

深水和有限水深的计算公式进行统一回归拟合的可靠性检验方法和前两节相同,此处不再赘述。

基于数理统计原理[102],当显著水平 $\alpha = 0.01$,观测数据组数 $n_a = 11$ 时,相关系数临界值为 $R_a = 0.735$,检验统计量 F 的临界值 $F_a = 10.6$。观测数据组数越多,检验系数的临界值越小。

对公式(4.15)的回归分析中,观测组数 $n = 348 > n_a = 11$,相关系数 $R = 0.80 > R_a = 0.735$,表明拟合程度较优;统计量 $F = 411 \gg F_a = 10.6$,表明公式(4.15)可以通过显著性检验。

综合上述检验结果,可以认为在模拟范围内(广义波陡 ε^* 在0.03~0.4之间变化),公式(4.15)作为深水和有限水深条件下统一的计算公式,用于计算畸形波水面行进速度具有较高的可靠性。

4.4 畸形波与三阶 Stokes 波波面传播速度的对比分析

为了更加深入地认识畸形波波面传播速度,在此将畸形波与三阶 Stokes 波的波面传播速度进行对比。

由前面讨论可知,畸形波与三阶 Stokes 波的波面传播速度的线性项完全相同。故重点讨论两者非线性项的差别。

图4.5中给出了三阶 Stokes 波和畸形波波面传播速度公式中非线性项无量纲值的对比。图中,横坐标 $\varepsilon^* = \varepsilon f(kd)$ 为修正波陡,纵坐标 C_n 为传播速度计算公式中非线性项的无量纲值(采用公式中的线性项对其无量纲化),对于三阶 Stokes 波,$C_n = \varepsilon^{*2}$;对于畸形波,$C_n = 1.5\varepsilon^* - 0.47$。

从图4.5可以看出,非线性对畸形波波面传播速度的影响与三阶 Stokes 波

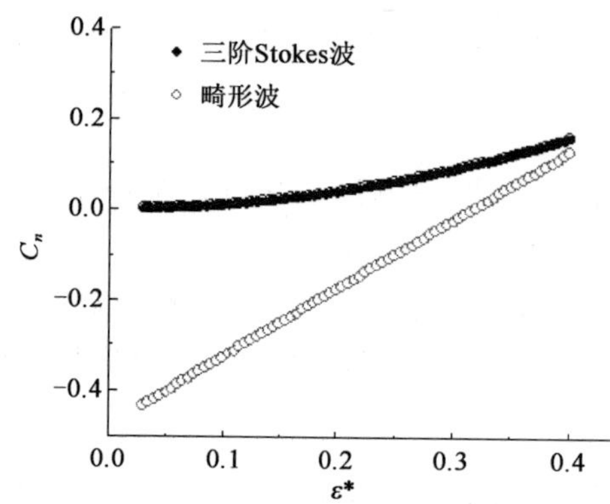

图4.5　畸形波和三阶 Stokes 波波面传播速度计算公式中非线性项无量纲值的对比

相比差别很大。

对三阶 Stokes 波而言,波面传播速度的非线性项恒为正值。换言之,具有非线性的行进波的波面传播速度大于线性波的波面传播速度。在本章的模拟范围内,当广义波陡 ε^* 在 0.03 ~ 0.4 之间变化时,非线性对三阶 Stokes 波波面传播速度的影响从线性项的 0.000 9 倍变化到线性项的 0.16 倍。

而对于畸形波波面传播速度,当 ε^* 在 0.03 ~ 0.31 之间变化时,非线性项为负值,如:当 $\varepsilon^*=0.03$ 时,畸形波的波面传播速度仅为线性理论的 0.566 倍。换言之,当广义波陡 ε^* 较小时,波面传播速度小于线性波的波面传播速度,故此认为畸形波与传统意义上的“行进波”完全不同,具有一定的“非行进波”特征。当 ε^* 在 0.31 ~ 0.4 之间变化时,非线性项为正值,但依然小于 Stokes 波波面传播速度。

在计算范围内(广义波陡 ε^* 在 0.03 ~ 0.4 之间变化),总体而言,畸形波波面传播速度均小于三阶 Stokes 波波面传播速度。

此外,对于两种波浪,波面传播速度计算公式中的非线性项都是广义波陡 ε^* 的增函数,换言之,两种波浪波面传播速度都是随着广义波陡 ε^* 的增加而增加。

就广义波陡 ε^* 对波面传播速度的影响而言,本章模拟范围内,随着广义波陡 ε^* 的增加,畸形波波面传播速度的增长速度明显高于三阶 Stokes 波。

4.5 本章小结

本章选用 32 个测点捕捉数值和物理模拟畸形波波峰的运动轨迹随时间的变化,根据获得的波面时间过程计算畸形波波面的传播速度。通过对畸形波传播速度计算结果进行分析,主要得到如下成果:

(1)基于数值和物理模拟畸形波波面的传播速度的计算结果,使用回归分析的方法给出了畸形波波面传播速度的半经验、半理论计算公式:

$$C_0=\frac{gT_0}{2\pi}\tanh k_0d+(1.5\varepsilon^*-0.47)\frac{gT_0}{2\pi}\tanh k_0d$$

可靠性检验表明，当广义波陡 ε^* 在 0.03 ~0.4 范围内，该公式具有较高的可靠性。

(2)畸形波有别于传统意义上的行进波。畸形波的波面传播速度在广义波陡 ε^* 小于 0.31 时小于线性波面传播速度；在广义波陡 ε^* 小于 0.4 时小于三阶 Stokes 波波面传播速度。

5 畸形波生成、演化过程中特征大波的时频能量结构

已有学者使用小波分析方法研究畸形波的时频能量结构。研究结果显示，畸形波的小波谱（时频能量谱）特征十分明显，能量集中且包含大量的高频成分。但是已有的研究成果尚未涉及整个畸形波生成、演化过程中的特征波浪的时频能量特征。且大多数成果都是定性的描述畸形波的时频能量谱特征。

故本章采用小波分析方法计算畸形波生成、演化过程中的特征大波浪（大峰波、深谷、准畸形波和畸形波）的时频能量谱，并定量分析其特征，为从波浪内部结构角度探讨畸形波的发生机理提供依据。作为铺垫（对基础工作的回顾），在本章中先介绍一下小波分析方法。

5.1 小波方法简介

傅里叶分析（Fourier analysis）是一种常用的分析波浪频域能量特征的方法，它能描述波浪时间序列能量在频域上的时均分布。对于像畸形波这样的非平稳、短时一空波动过程，仅描述其能量在频域上的时均分布是无法全面掌握其内部能量传递过程的。

为了分析一个时间过程的频域能量随时间的变化，有学者提出了短时傅里叶变换（Short Time Fourier Transform），也叫加窗傅里叶变换（Windowed Fourier Transform），其基本思想就是加入一个函数，如高斯（Gaussian）函数，见式（5.1），使得傅里叶变换可以针对信号的不同时间段提供时域信息。

$$g(t) = \frac{1}{2\sqrt{\pi a}}e^{-\frac{t^2}{4a}} \tag{5.1}$$

引入 Gaussian 函数后，短时傅里叶变换就可描述为：

$$S(\omega,\tau) = \int_{-\infty}^{\infty} e^{i\omega t}f(t)g(t-\tau)dt \tag{5.2}$$

短时傅里叶变换针对信号的不同时间段能量分布，是通过随着时间参量 τ 的变化，时间窗函数 $g(t-\tau)$ 沿时间轴移动来实现的。这样 $S(\omega,\tau)$ 就可以描述

特定时刻 τ 附近目标信号关于频率 ω 的信息。研究证明，随着参数 a 值越来越小，高斯（Gaussian）函数在时域的精度越来越高。短时傅里叶变换的目标信号在时域和频域中都是等步长划分的，整个时频域信息的分辨率都一样。经过证明，时域步长和频域步长的乘积为固定常数2，并不受时间窗函数的影响，这就是著名的测不准定理。这个定理说明，短时傅里叶变换描述的目标信号时域和频域信息的分辨率不是任意的，在保证时域信息精度的同时就需要舍去频域信息的精度，反之亦然。因此需要更合适的方法来解决上述问题。

小波分析方法与传统的傅里叶分析方法相比，具有较为明显的优势。它不仅可以分析频率随时间的变化，还可以根据需要选取时域或者频域的分辨率。小波分析方法的核心思想是找到一组正交基，通过线性组合来描述目标信号，这组正交基可以是可数的，也可以是不可数的，但都需要在给定的信号函数空间上是稠密的，该组正交基是一个具有紧支集的函数（在有限的区域内迅速衰减到0）通过伸缩和平移得到的，伸缩是为了控制分析结果的分辨率（在低频部分，信号变化比较平缓，信号随时间变化的敏感度不高，然而频率信息对于变化却是十分敏感的，因此可以通过牺牲时间精度来提高频率的精度。相反对于高频部分，信号随时间的变化较为剧烈，而且频率信息对于变化的敏感度不高，因此可以通过降低频率精度，来比较精确的描述频率信息在时域的变化情况），平移是为了设定时间窗口。这个具有紧支集的函数被称为母小波，由它生成的这组正交基称为小波函数。

常用的母小波有 Haar 小波，Daubechies 小波，SymletsA 小波，Biorthogonal 小波，Coiflet 小波，Morlet 小波，Mexican Hat 小波，Paul 小波和 Meyer 小波等。在这里不一一介绍。在本书的研究中选用 Morlet 小波作为母小波函数，其表达式为：

$$\Psi(t) = \pi^{-1/4} e^{-t^2/2} e^{i\omega_0 t} \tag{5.3}$$

式中，t 为时间；ω_0 为无量纲频率，为了满足容许性条件选为6[103]。图5.1给出了在时域和频域上的 Morlet 小波函数（实线表示实部，虚线表示虚部）。

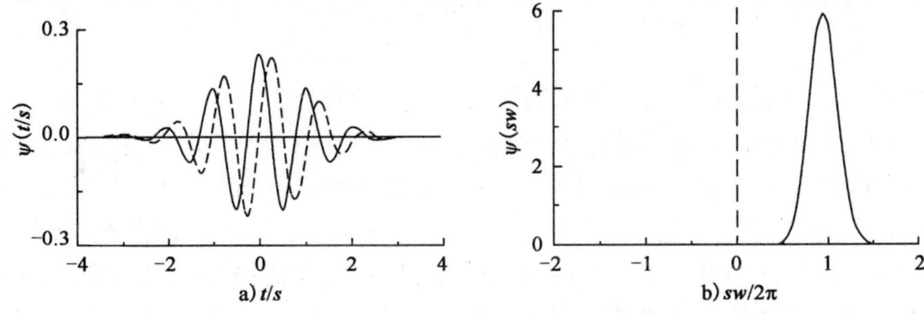

图5.1 时域和频域的 Morlet 小波

选定了母小波后，则离散序列 x_n 的连续小波变换可以定义为 x_n 与母小波函数经过伸缩和平移结果的卷积：

$$W_n(s) = \sum_{n'}^{N-1} x_{n'} \psi^* \left[\frac{(n' - n)\delta t}{s} \right] \tag{5.4}$$

式中，“ * ”为复共轭；s 为小波尺度；n 为时间序列编号；δt 为时间间隔。尽管可以使用式(5.4)计算连续小波变换，但是在傅里叶空间计算该式会提高计算效率。根据卷积定理，小波变换可以写成如下的傅里叶逆变换形式：

$$W_n(s) = \sum_{k=0}^{N-1} \hat{x}_k \hat{\psi}^* (s\omega_k) e^{i\omega_k n\delta t} \tag{5.5}$$

式中，$k = 0 \cdots N-1$ 是频率序列编号；$\hat{\psi}(s\omega)$ 是 $\Psi(t/s)$ 的傅里叶变换。角频率的定义如下：

$$\omega_k = \frac{2\pi k}{N\delta t} \left(k \leqslant \frac{N}{2} \right); \omega_k = -\frac{2\pi k}{N\delta t} \left(k > \frac{N}{2} \right) \tag{5.6}$$

求解出小波变换系数，就可以定义小波能量谱的谱密度 $S(f,t)$[103]：

$$S(f,t) = | W(s,t) |^2 \tag{5.7}$$

使用上述方法，便可以根据畸形波波面时间过程直接计算出畸形波的时频能量谱。小波分析方法为畸形波时频能量谱的研究提供了有效的工具。

5.2 畸形波生成、演化过程中特征大波的时频能量结构特征

5.2.1 时频能量谱基本特征

采用小波分析方法计算畸形波生成、演化过程中包含特征大波的波面时间序列的无量纲时频能量谱。

定义无量纲时频能量谱密度 $S^*(f^*, T^*)$ 为：

$$S^*(f^*, T^*) = \frac{| W(s^*, T^*) |^2}{H_s^2} \tag{5.8}$$

式中，f^* 为无量纲频率，$f^* = f/f_p$；T^* 为无量纲时间，$T^* = (t - t_c)/T_p$。

为了更清晰地显示畸形波生成、演化过程中波列的无量纲时频能量谱特征，绘制时频能量谱之前，将计算的无量纲时频能量谱做如下图谱截断：对于时频能量谱密度 S^* 小于等于 $5E_{a100-5}$ 的部分，即 $S^* \leqslant 5E_{a100-5}$，在时频能量谱中不再给出（图谱截断）。其中，$E_a$ 表示平均时频能量，见(5.9)式；E_{a100-5} 表示波列 5 倍谱峰频率、100 倍平均周期范围内的平均时频能量，$5E_{a100-5}$ 的量值为时频能量谱

密度峰值的3% ~8%。

$$E_a = \sum_i \sum_j \frac{S_{i,j} \cdot \Delta f_j \cdot \Delta t}{N \cdot \Delta t \cdot \sum_j \Delta f_j} \tag{5.9}$$

在此给出了模拟北海畸形波及2组数值模拟畸形波(畸形波Ⅰ和Ⅴ)生成、演化过程中包含特征大波的波列的无量纲时频能量谱。

图5.2为北海畸形波生成、演化过程中包含特征大波的波列的无量纲时频能量谱示例。

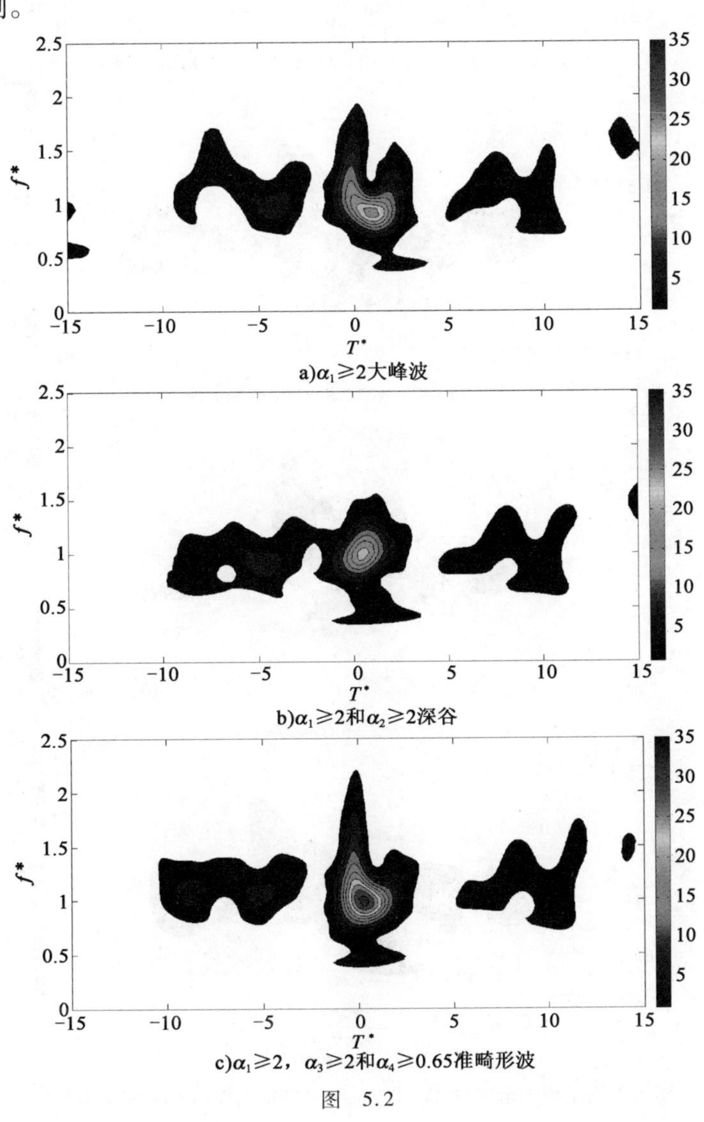

a)$\alpha_1 \geq 2$大峰波

b)$\alpha_1 \geq 2$和$\alpha_2 \geq 2$深谷

c)$\alpha_1 \geq 2$，$\alpha_3 \geq 2$和$\alpha_4 \geq 0.65$准畸形波

图 5.2

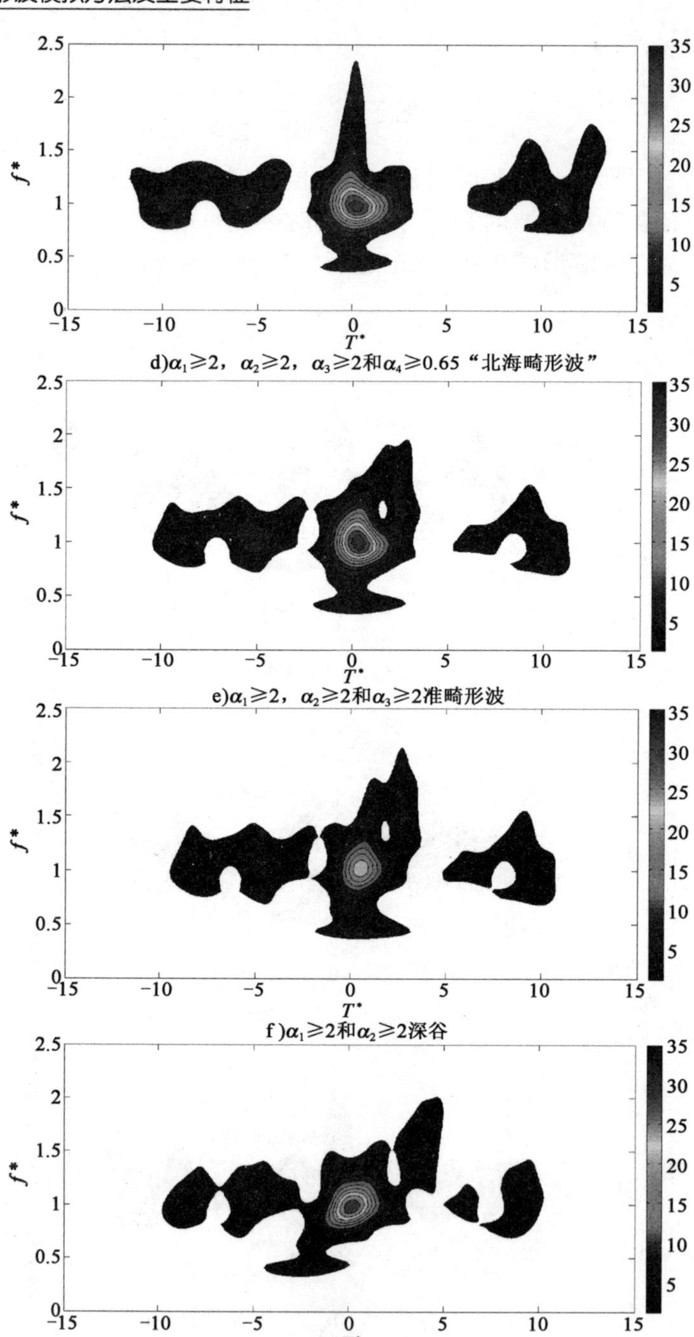

图 5.2 “北海畸形波”生成、演化过程中特征大波的无量纲时频能量谱

图 5.2 为模拟北海畸形波生成、演化过程中先后出现的包含大峰波($\alpha_1 \geqslant 2$)、深谷($\alpha_1 \geqslant 2$ 和 $\alpha_2 \geqslant 2$)、准畸形波($\alpha_1 \geqslant 2, \alpha_3 \geqslant 2$ 和 $\alpha_4 \geqslant 0.65$)、畸形波($\alpha_1 \geqslant 2, \alpha_2 \geqslant 2, \alpha_3 \geqslant 2$ 和 $\alpha_4 \geqslant 0.65$)、准畸形波($\alpha_1 \geqslant 2, \alpha_2 \geqslant 2$ 和 $\alpha_3 \geqslant 2$)、深谷($\alpha_1 \geqslant 2$ 和 $\alpha_2 \geqslant 2$)、大峰波($\alpha_1 \geqslant 2$)的波面时间过程的无量纲时频能量谱。

从图 5.2 中可以看出,畸形波及其出现前、后发生的大波和深谷等异常波浪对应的时频能量谱具有类似特征,均表现出较高程度的能量集中;另外该能量集中区在一个相对较小的时—频范围内:时域宽度为 2.0 ~ 3.5 倍谱峰周期,频域宽度为 0.4 ~0.6 倍谱峰频率。

图 5.2a)为包含大峰波的波列的无量纲时频能量谱。从图中可以看出,在时间中点($T^* = 0$)附近处,能量密集度很高,时频谱密度 S^* 的峰值为 25 左右,时频谱密度峰值位于波列谱峰频率略微偏下的位置。高频端的最大频率约为波列谱峰频率的 2 倍。在低频端,有一小股低频能量,量级远小于能量集中区,该股低频能量在时域分布的中心对应的时刻滞后于时频谱密度 S^* 峰值发生的时刻。

图 5.2b)为包含深谷的波列的无量纲时频能量谱。从图中可以看出,在时间中点($T^* = 0$)附近处,能量密集度仍然很高,时频谱密度 S^* 的峰值在 20 ~ 25 之间,时频谱密度峰值位于波列谱峰频率位置附近。高频端的最大频率约为波列谱峰频率的 1.5 倍。与包含大峰波的波列的时频能量谱比较,低频端能量有所增加,该股低频能量在时域分布的中心对应的时刻相对于时频谱密度 S^* 峰值发生时刻的滞后有所减少。这是因为低频波的传播速度较快,逐渐追赶上波能集中区的波浪。

图 5.2c)为包含准畸形波($\alpha_1 \geqslant 2, \alpha_3 \geqslant 2$ 和 $\alpha_4 \geqslant 0.65$)的波列的无量纲时频能量谱。从图中可以看出,在时间中点($T^* = 0$)附近处,能量密集度与前两组异常大浪相比有所提高,时频谱密度 S^* 的峰值约为 33,时频谱密度峰值位于波列谱峰频率位置附近。高频端能量有所增加,最大频率约为波列谱峰频率的 2.2 倍。低频端能量在时域分布的中心对应的时刻与时频谱密度 S^* 峰值发生时刻同步。

图 5.2d)为包含“北海畸形波”的波列的无量纲时频能量谱。从图中可以看出,在时间中点($T^* = 0$)附近处,能量密集度进一步提高,时频谱密度 S^* 的峰值约为 35,时频谱密度峰值位于波列谱峰频率位置附近。高频端的最大频率约为波列谱峰频率的 2.4 倍。低频端能量与包含准畸形波($\alpha_1 \geqslant 2, \alpha_3 \geqslant 2$ 和 $\alpha_4 \geqslant 0.65$)的波列相比差别不大。

图 5.2e)为包含准畸形波($\alpha_1 \geqslant 2, \alpha_2 \geqslant 2$ 和 $\alpha_3 \geqslant 2$)的波列的无量纲时频能

量谱。从图中可以看出,在时间中点($T^*=0$)附近处,能量密集度仍然很大,时频谱密度 S^* 的峰值仍维持在35左右,时频谱密度峰值位于波列谱峰频率位置附近。高频端的能量在时域分布的中心对应的时刻相对于时频谱密度 S^* 峰值发生时刻,开始出现滞后。这是因为高频波的传播速度较慢,逐渐与能量集中区的波浪分离,高频端最大频率为波列谱峰频率的2倍左右。低频端能量变化较小。

图5.2f)为包含深谷的波列的无量纲时频能量谱。从图中可以看出,在时间中点($T^*=0$)附近处,能量密集度有一定程度的减小,时频谱密度 S^* 的峰值在20~25之间,时频谱密度峰值位于波列谱峰频率位置附近。高频端的能量在时域分布的中心对应的时刻相对于时频谱密度 S^* 峰值发生时刻的滞后有所增加,高频波逐渐远离能量集中区的波浪。低频端能量变化较小。

图5.2g)为包含大峰波的波列的无量纲时频能量谱。从图中可以看出,在时间中点($T^*=0$)附近处,能量密集度相对于包含深谷的波列有较小程度的增加,时频谱密度 S^* 的峰值为30左右,时频谱密度峰值位于波列谱峰频率位置附近。高频端的能量在时域分布的中心对应的时刻相对于时频谱密度 S^* 峰值发生时刻的滞后继续增加,高频波离能量集中区的波浪越来越远。低频端能量在时域分布的中心对应的时刻相对于时频谱密度 S^* 峰值发生时刻有一定程度的超前,这是因为低频波的传播速度较快,已经赶超了能量集中区的波浪。高频波和低频波都出现远离能量集中区的现象。

此外,从"北海畸形波"生成、演化过程中包含特征大波(连续大波、深谷、准畸形波和畸形波)的波列的无量纲时频能量谱中还可发现,临近时频能量谱的主峰伴随着若干次峰。这些次峰即为与特征波浪邻近的波浪的时频能量谱。显然,这些邻近波浪的能量集中程度远低于特征大波。

图5.3和图5.4分别给出了数值模拟畸形波Ⅰ和Ⅴ生成、演化过程中出现的包含特征大波的波列的无量纲时频能量谱示例。此处所述的特征大波包含:连续大波、深谷、准畸形波和畸形波。

从图5.3和图5.4可以看出,这两组畸形波生成、演化过程中出现的特征大波的无量纲时频能量谱特征与"北海畸形波"生成、演化过程中特征大波较为相似。

此外,计算得到的"新年波"、"北海深谷"伴生畸形波、数值模拟畸形波Ⅱ、Ⅲ和Ⅳ的生成、演化过程中出现的特征大波的时频能量谱与上述给出的三组畸形波生成、演化过程中出现的特征大波的时频能量谱特征完全类同,这里不再一一给出。

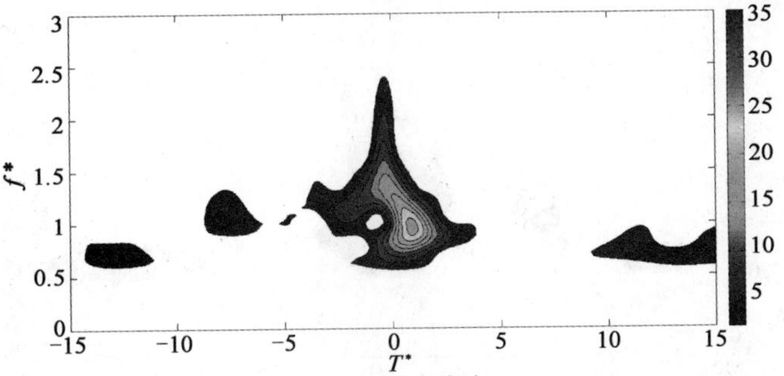

a)$\alpha_1 \geqslant 2$大峰波

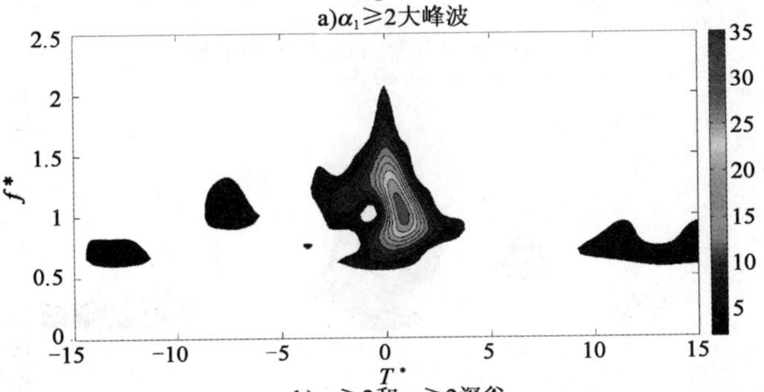

b)$\alpha_1 \geqslant 2$和$\alpha_1 \geqslant 2$深谷

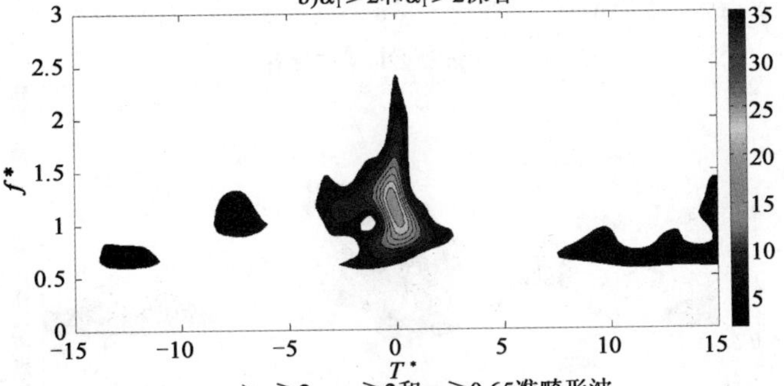

c)$\alpha_1 \geqslant 2$，$\alpha_3 \geqslant 2$和$\alpha_4 \geqslant 0.65$准畸形波

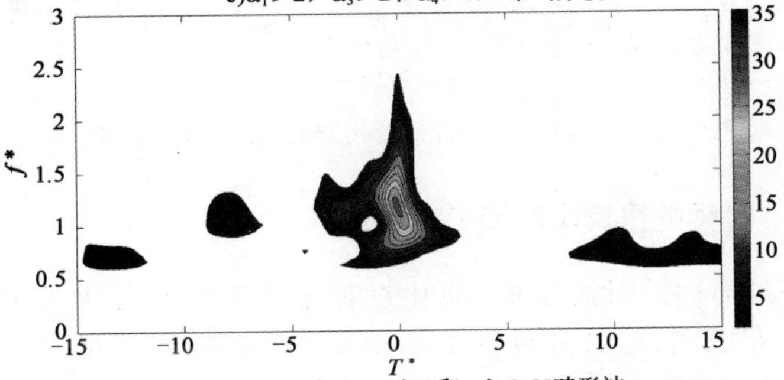

d)$\alpha_1 \geqslant 2$，$\alpha_2 \geqslant 2$，$\alpha_3 \geqslant 2$和$\alpha_4 \geqslant 0.65$畸形波

图 5.3

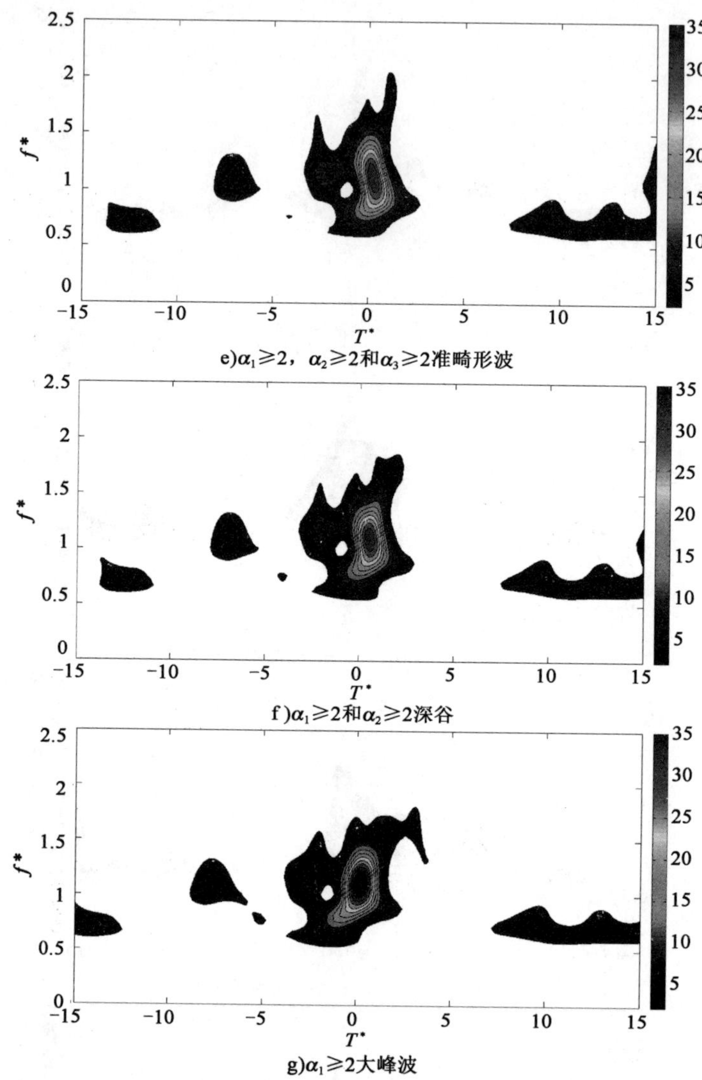

图 5.3　畸形波Ⅰ生成、演化过程中波列的无量纲时频能量谱示例

5.2.2　时频能量集中度及分布范围

为了定量描述畸形波生成、演化过程中出现的特征大波的瞬时能量集中程度和分布范围，定义能量集中度参数 α_E 和能量集中范围参数 f^*_{min}、f^*_{max}、T^*_{min}、T^*_{max}。能量集中区域选为大于 30 倍平均时频能量（$\geqslant 30E_{a100-5}$）的部分。

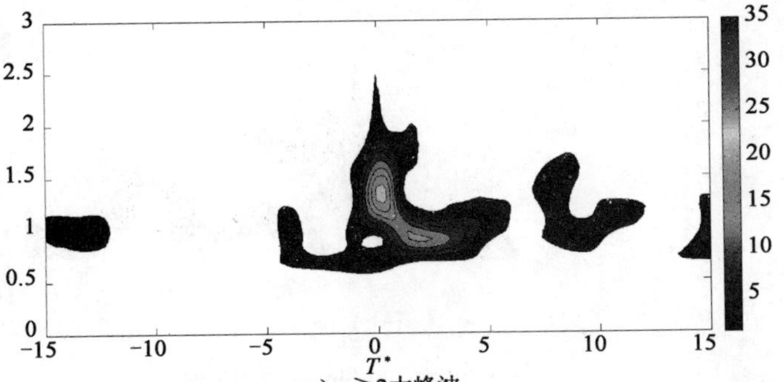

a) $\alpha_1 \geqslant 2$大峰波

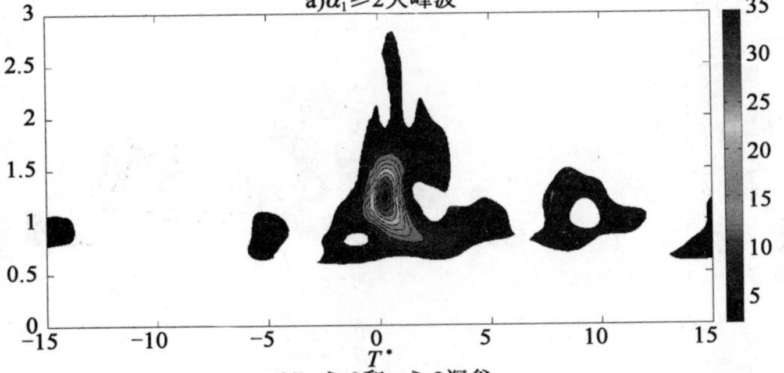

b) $\alpha_1 \geqslant 2$和$\alpha_1 \geqslant 2$深谷

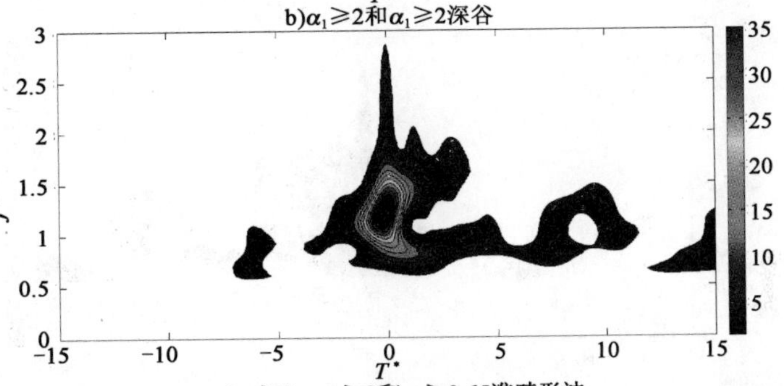

c) $\alpha_1 \geqslant 2$，$\alpha_3 \geqslant 2$和$\alpha_4 \geqslant 0.65$准畸形波

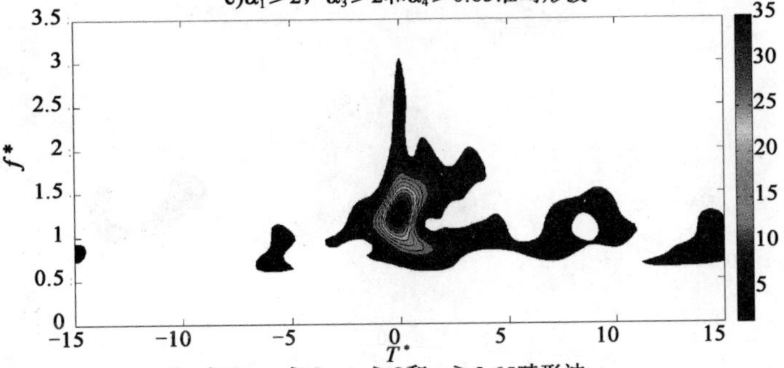

d) $\alpha_1 \geqslant 2$，$\alpha_2 \geqslant 2$，$\alpha_3 \geqslant 2$和$\alpha_4 \geqslant 0.65$畸形波

图 5.4

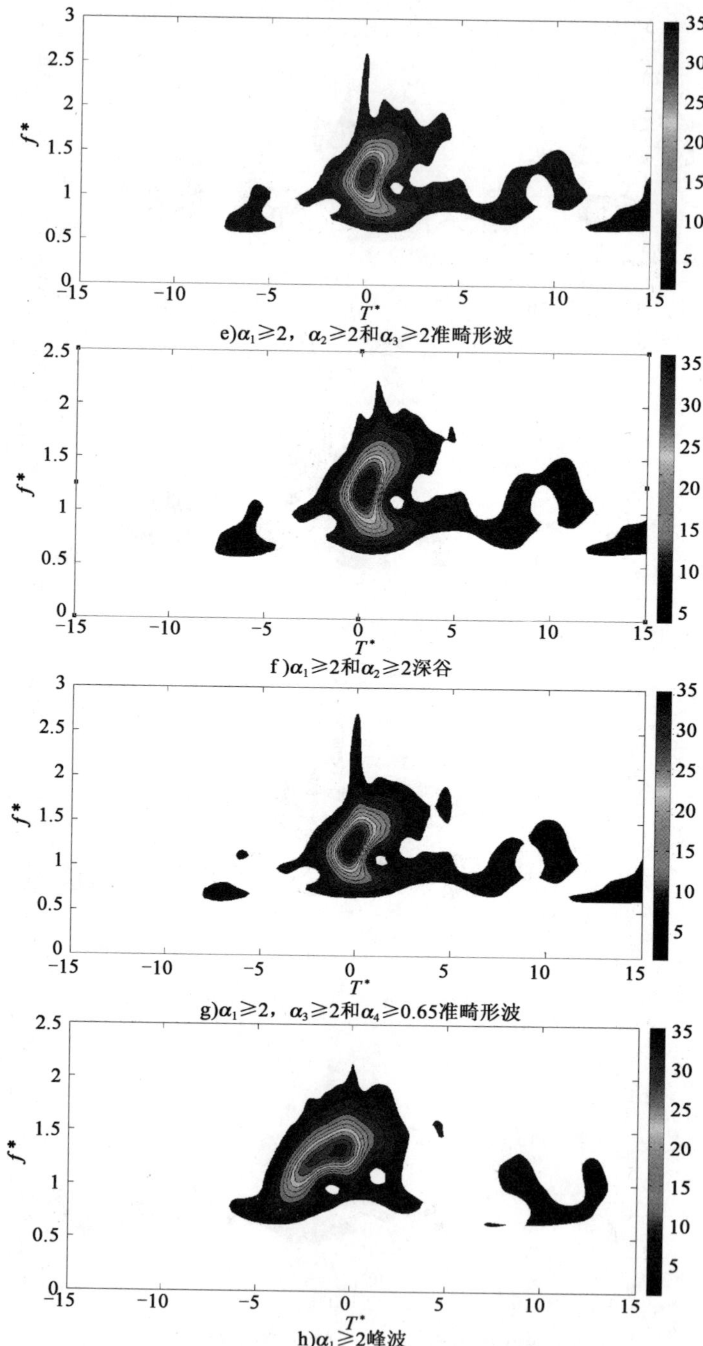

图5.4　畸形波V生成、演化过程中波列的无量纲时频能量谱示例

对于某特定时刻,各频率成分的总能量记为 E_c:

$$E_c = \sum_j S_{ic,j} \cdot \Delta f_j \tag{5.10}$$

波浪序列总能量的时均值记为 $\bar{E}_t$:

$$\bar{E}_t = \sum_i \sum_j S_{i,j} \cdot \Delta f_j \cdot \frac{\Delta t_i}{\sum_i \Delta t_i} \tag{5.11}$$

则能量集中度参数 α_E 可记为:

$$\alpha_E = \text{Max}\frac{E_c}{\bar{E}_t} = \text{Max}\left(\sum_i S_{ic,j} \cdot \frac{\Delta f_j}{\sum_i \sum_j S_{i,j}} \cdot \Delta f_j \cdot \frac{\Delta t_i}{\sum_i \Delta t_i}\right) \tag{5.12}$$

式中,"Max( )"表示在整个时间过程中取最大值。

记 f^*_{min} 为能量集中区($\geqslant 30E_{a100-5}$)的无量纲频率的最小值;f^*_{max} 为能量集中区的无量纲频率的最大值。

记 T^*_{min} 为能量集中区无量纲时间的最小值;T^*_{max} 为能量集中区无量纲时间的最大值。

表 5.1 汇总给出了畸形波生成、演化过程中的特征大波(连续大波、深谷、准畸形波和畸形波)能量集中度 α_E、能量集中区的无量纲频率(f^*_{min}、f^*_{max})和无量纲时间(T^*_{min}、T^*_{max})分布范围。

畸形波生成、演化过程中特征大波的外部特征参数和能量参数 表 5.1

算例	波浪形态	畸形波参数				集中度	频域分布范围	时域分布范围
		α_1	α_2	α_3	α_4	α_E	$f^*_{min} \sim f^*_{max}$	$T^*_{min} \sim T^*_{max}$
畸形波 I	大峰波	2.31	1.44	1.59	0.51	7.58	0.74 ~ 1.48	−0.75 ~ 1.92
	深谷	2.55	3.37	1.41	0.46	9.19	0.79 ~ 1.48	−0.56 ~ 1.87
	准畸形波	2.57	1.55	2.31	0.71	10.91	0.79 ~ 1.48	−0.99 ~ 0.99
	畸形波	2.81	2.00	2.87	0.68	11.40	0.79 ~ 1.58	−0.99 ~ 1.09
	准畸形波	2.75	3.12	2.29	0.55	9.80	0.79 ~ 1.38	−0.67 ~ 1.27
	深谷	2.42	7.06	1.24	0.51	9.32	0.79 ~ 1.38	−0.53 ~ 1.51
	大峰波	2.51	1.58	1.62	0.57	9.90	0.74 ~ 1.38	−1.37 ~ 1.18
畸形波 II	大峰波	2.83	1.70	1.49	0.57	11.36	0.71 ~ 1.53	−1.03 ~ 2.61
	深谷	3.64	7.23	1.47	0.47	18.22	0.75 ~ 1.72	−0.70 ~ 2.60
	准畸形波	3.79	1.12	2.39	0.65	20.37	0.75 ~ 1.85	−1.51 ~ 1.87
	畸形波	4.40	2.25	2.74	0.66	25.76	0.80 ~ 2.27	−1.38 ~ 1.77
	准畸形波	4.36	3.26	2.53	0.56	20.11	0.70 ~ 1.61	−1.61 ~ 1.95
	深谷	3.68	2.57	1.86	0.50	15.96	0.70 ~ 1.40	−1.85 ~ 2.24

续上表

算例	波浪形态	畸形波参数				集中度	频域分布范围	时域分布范围
		α_1	α_2	α_3	α_4	α_E	$f^*_{min} \sim f^*_{max}$	$T^*_{min} \sim T^*_{max}$
畸形波Ⅱ	准畸形波	3.00	1.00	4.61	0.64	16.79	0.71 ~ 1.85	−2.92 ~ 1.05
	大峰波	2.97	1.25	1.66	0.54	14.04	0.71 ~ 1.72	−2.99 ~ 3.26
畸形波Ⅲ	大峰波	2.95	1.62	1.36	0.57	13.71	0.78 ~ 1.80	−1.24 ~ 3.98
	深谷	3.55	3.09	1.39	0.50	23.74	0.84 ~ 1.80	−1.19 ~ 1.77
	准畸形波	4.05	1.46	2.02	0.68	29.09	0.84 ~ 1.92	−1.03 ~ 2.19
	畸形波	4.59	2.80	2.61	0.65	29.92	0.78 ~ 2.06	−1.05 ~ 2.25
	准畸形波	4.17	2.85	2.57	0.56	23.97	0.80 ~ 1.56	−1.56 ~ 1.78
	深谷	3.59	2.88	1.33	0.48	22.07	0.80 ~ 1.56	−2.51 ~ 1.02
	准畸形波	3.61	1.24	3.81	0.65	23.48	0.80 ~ 1.68	−2.47 ~ 1.22
	大峰波	3.05	1.71	1.11	0.51	18.76	0.81 ~ 1.56	−1.97 ~ 2.15
畸形波Ⅳ	大峰波	2.77	1.65	1.65	0.56	13.33	0.97 ~ 1.69	−1.13 ~ 3.59
	深谷	2.90	3.87	1.23	0.43	13.89	0.90 ~ 1.69	−0.86 ~ 2.92
	准畸形波	3.62	1.40	2.41	0.65	20.86	0.85 ~ 1.69	−1.45 ~ 1.83
	畸形波	3.88	2.05	2.06	0.65	21.06	0.85 ~ 1.69	−1.39 ~ 1.94
	准畸形波	3.89	2.67	2.00	0.56	18.61	0.85 ~ 1.57	−1.26 ~ 2.07
	深谷	3.20	2.59	1.38	0.48	15.79	0.85 ~ 1.57	−1.17 ~ 2.15
	准畸形波	3.42	1.29	3.22	0.65	19.36	0.85 ~ 1.57	−1.89 ~ 1.37
	大峰波	3.18	1.50	1.31	0.51	16.14	0.85 ~ 1.47	−1.46 ~ 1.99
畸形波Ⅴ	大峰波	2.44	1.43	1.18	0.56	12.45	0.82 ~ 1.63	−0.61 ~ 3.60
	深谷	3.11	2.47	1.55	0.48	17.53	0.78 ~ 1.66	−0.88 ~ 2.38
	准畸形波	3.96	1.61	4.65	0.66	21.40	0.78 ~ 1.66	−1.60 ~ 1.60
	畸形波	4.16	2.06	3.67	0.65	21.45	0.81 ~ 1.74	−1.39 ~ 1.67
	准畸形波	3.90	2.86	2.07	0.54	18.59	0.76 ~ 1.63	−1.27 ~ 1.94
	深谷	3.39	2.81	1.48	0.48	18.33	0.76 ~ 1.63	−1.18 ~ 2.19
	准畸形波	3.61	1.40	2.68	0.66	20.10	0.81 ~ 1.63	−1.67 ~ 1.95
	大峰波	2.67	1.32	1.08	0.54	13.95	0.81 ~ 1.63	−3.99 ~ 1.74
北海畸形波	大峰波	2.57	1.60	1.25	0.57	10.07	0.74 ~ 1.29	−0.68 ~ 2.23
	深谷	2.42	2.52	1.12	0.42	10.64	0.82 ~ 1.25	−0.63 ~ 1.76
	准畸形波	3.19	1.72	2.00	0.73	11.06	0.78 ~ 1.36	−0.98 ~ 1.85

续上表

算例	波浪形态	畸形波参数				集中度	频域分布范围	时域分布范围
		α_1	α_2	α_3	α_4	α_E	$f^*_{min} \sim f^*_{max}$	$T^*_{min} \sim T^*_{max}$
北海畸形波	畸形波	3.22	2.35	2.06	0.77	11.83	0.78 ~ 1.36	-1.36 ~ 2.13
	准畸形波	3.28	2.75	2.05	0.57	12.80	0.78 ~ 1.26	-0.94 ~ 1.88
	深谷	2.56	2.98	1.35	0.45	10.51	0.83 ~ 1.26	-0.49 ~ 1.76
	大峰波	2.45	1.22	1.36	0.49	10.52	0.78 ~ 1.19	-1.30 ~ 1.70
北海深谷	大峰波	2.12	1.67	1.48	0.52	7.67	0.73 ~ 1.18	-1.41 ~ 1.98
	深谷	2.35	2.17	1.32	0.38	10.22	0.72 ~ 1.05	-1.28 ~ 2.10
	准畸形波	2.18	1.05	2.58	0.65	7.97	0.70 ~ 1.18	-1.64 ~ 1.32
	畸形波	2.89	2.33	2.28	0.64	11.90	0.70 ~ 1.38	-1.28 ~ 2.08
	准畸形波	2.53	2.03	2.00	0.54	11.12	0.70 ~ 1.24	-1.23 ~ 1.86
	深谷	2.06	3.06	1.13	0.40	6.16	0.72 ~ 1.21	-0.79 ~ 3.08
	大峰波	2.00	1.21	1.56	0.51	6.08	0.72 ~ 1.23	-1.82 ~ 2.34
新年波	大峰波	2.06	1.48	1.40	0.55	6.11	0.97 ~ 1.37	-0.98 ~ 2.03
	深谷	2.15	2.18	1.27	0.44	7.55	0.96 ~ 1.46	-1.73 ~ 1.90
	准畸形波	2.20	1.54	2.73	0.69	7.63	0.96 ~ 1.46	-2.05 ~ 1.03
	畸形波	2.28	2.02	3.76	0.72	7.86	0.90 ~ 1.48	-1.98 ~ 0.76
	准畸形波	2.26	2.71	2.44	0.53	7.83	0.99 ~ 1.27	-1.92 ~ 0.74
	深谷	2.11	2.43	1.50	0.43	7.47	0.94 ~ 1.27	-1.09 ~ 1.66
	准畸形波	2.14	1.23	2.69	0.65	7.52	0.90 ~ 1.27	-2.59 ~ 0.84
	大峰波	2.00	1.07	1.40	0.55	6.06	0.84 ~ 1.36	-2.54 ~ 1.26
畸形波Ⅵ	—	2.59	2.27	2.65	0.68	9.13	—	—
畸形波Ⅶ	—	2.34	2.00	2.29	0.66	7.56	—	—
畸形波Ⅷ	—	2.95	2.01	3.72	0.65	11.71	—	—
畸形波Ⅸ	—	2.42	2.20	2.42	0.71	8.61	—	—
畸形波Ⅹ	—	2.43	2.19	2.38	0.67	8.47	—	—
畸形波Ⅺ	—	2.96	2.85	2.87	0.65	11.17	—	—
畸形波Ⅻ	—	2.13	2.00	2.00	0.67	6.98	—	—
畸形波XIII	—	2.37	2.00	3.79	0.67	7.76	—	—

就能量集中度而言：畸形波的 α_E 最大，即瞬时能量集中度最高；准畸形波的 α_E 为畸形波的 65% ~100%；深谷和连续大波的 α_E 相对较小，但仍可达到畸形波的 44% ~96%。

就能量集中分布范围而言：畸形波、准畸形波等异常波浪的时频能量集中区在频域的分布范围为 0.3 ~1.5 倍的谱峰频率；畸形波、准畸形波等异常波浪的时频能量集中区在时域的分布范围为 1.9 ~6.3 倍的谱峰周期。

5.3 异常大波与常规大波时频能量特征的比较

5.3.1 时频能量集中度及分布范围之比较

为了将畸形波生成、演化过程中出现的特征大波的时频能量特征与常规不规则波列（不包含异常大波的不规则波列）的时频能量特征作对比，计算给出了两组常规不规则波列（无量纲波面时间过程参见图 5.5）的时频能量谱，参见图 5.6。

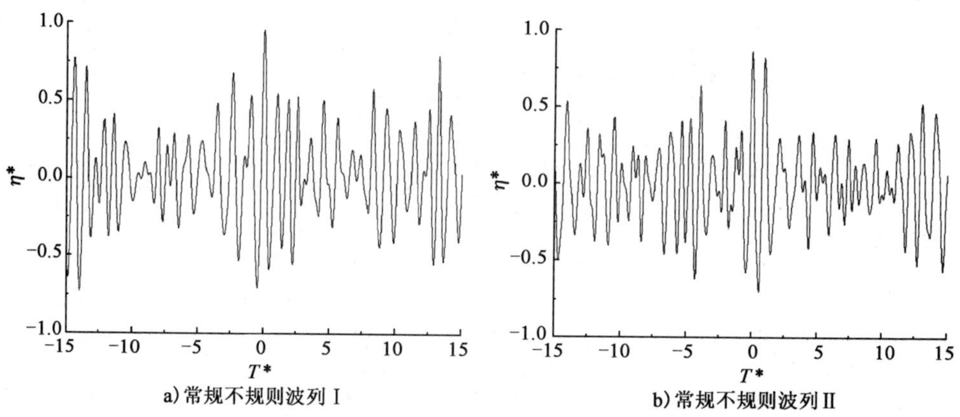

图 5.5 常规不规则波的无量纲波面时间过程

表 5.2 汇总给出了两组常规不规则波列中最大波的外部特征参数、能量集中度参数 α_E、能量集中区的无量纲频率（$f^*_{\min}$、$f^*_{\max}$）和无量纲时间（$T^*_{\min}$、$T^*_{\max}$）分布范围参数。

常规不规则波列中最大波的外部特征参数和能量参数 表 5.2

算例	波浪形态	畸形波参数				集中度	频域分布范围	时域分布范围
		α_1	α_2	α_3	α_4	α_E	$f^*_{\min}$ ~ $f^*_{\max}$	$T^*_{\min}$ ~ $T^*_{\max}$
常规不规则波列 I	最大波	1.54	1.25	1.55	0.62	4.15	0.85 ~1.20	-2.01 ~1.12
常规不规则波列 II	最大波	1.55	1.69	1.22	0.55	3.72	0.97 ~1.22	-0.36 ~1.13

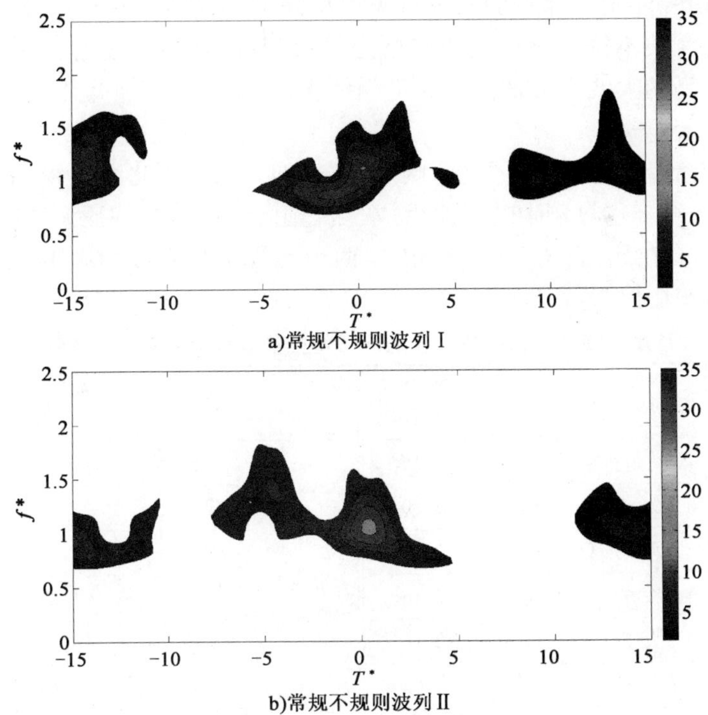

图 5.6　常规不规则波的无量纲时频能量谱

通过对比表 5.1 和表 5.2 可知：

(1)畸形波生成、演化过程中出现的异常大波浪与普通不规则波列中最大波比较，能量集中区域在时频域的分布范围有一定差别。

①常规大波：频域范围为 0.2 ~ 0.4 倍的谱峰频率；时域范围为 1.5 ~ 3.1 倍的谱峰周期。

②异常大波：频域范围为 0.3 ~ 1.5 倍的谱峰频率；时域范围为 1.9 ~ 6.3 倍的谱峰周期。

(2)畸形波生成、演化过程中出现的异常大波浪与普通不规则波列中最大波比较，能量集中度差别很大。

①常规大波：能量集中度 α_E 范围为 3.7 ~ 4.2。

②异常大波：能量集中度 α_E 范围为 6.1 ~ 29.9。

5.3.2　广义畸形波的定义

物理模型试验和数值模拟结果均表明，畸形波生成、演化过程中，常出现超常规(波高分布不符合深水瑞利分布或浅水分布)大波峰、深谷等异常大波。尽管这些异常大波不符合畸形波的严格定义,但其能量集中度远比常规大波高。能量集中度高的大波将带来很大的工程危害。因此,从能量集中度角度定义畸形波更具工程意义。

表5.1已经汇总给出了“北海畸形波”、“新年波”、“北海深谷”和数值模拟畸形波共16组样本算例中畸形波生成、演化过程中69个特征大波时频能量集中度参数 α_E。在此,表5.3汇总给出了两组常规不规则波列中14个较大波浪的时频能量集中度参数 α_E。

常规不规则波列中较大波的外部特征参数和能量集中度参数 表5.3

算例	波浪形态	畸形波参数 α_1	集中度参数 α_E	算例	波浪形态	畸形波参数 α_1	集中度参数 α_E
常规不规则波列Ⅰ	最大波	1.54	4.15	常规不规则波列Ⅱ	最大波	1.55	3.72
	第2大波	1.50	3.80		第2大波	1.47	2.81
	第3大波	1.33	2.95		第3大波	1.26	2.07
	第4大波	1.26	2.16		第4大波	1.23	2.03
	第5大波	1.11	2.18		第5大波	1.19	1.70
	第6大波	1.08	1.88		第6大波	1.15	2.03
	第7大	1.05	1.73		第7大波	1.13	1.91

图5.7中给出了上述69个特征大波及两组常规不规则波列中14个较大波浪的 α_E 随 α_1 的变化。

从图5.7中可以看出,畸形波生成、演化过程中的特征大波浪及常规不规则波列中的较大波浪的外部特征参数 α_1 与能量参数 α_E 具有明显的相关关系,随着参数 α_1 的增大,参数 α_E 有明显的增长趋势。畸形波生成、演化过程中的特征大波浪的 α_E 值均明显大于常规不规则波列中的较大波浪。畸形波生成、演化过程中的特征大波浪均满足 $\alpha_E \geqslant 6$;常规不规则波列中的较大波浪均满足 $\alpha_E \leqslant 4.17$。

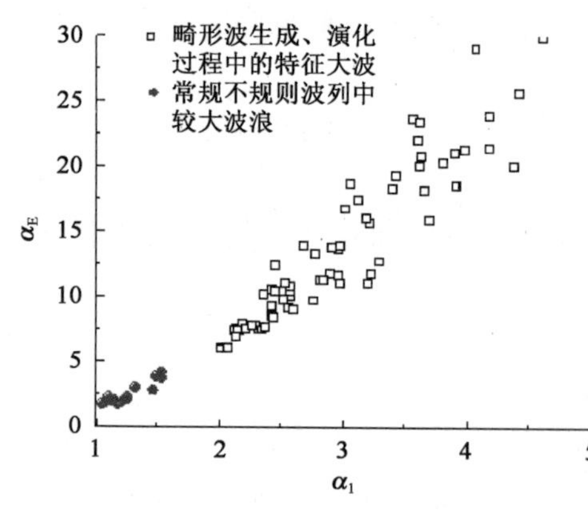

图5.7 常规大波浪和异常大波的 α_1 与 α_E 的关系

故定义满足 $\alpha_E \geqslant 6$ 的大波浪为“广义畸形波”。

5.4 广义畸形波时频能量集中度与波面特征参数的关系

采用上节广义畸形波的定义，在此讨论广义畸形波外部特征参量(波面特征参数 α_1，α_2，α_3 和 α_4)与波浪内部结构参量(能量集中度 α_E)之间的关系，以期从不同侧面深入理解畸形波。

5.4.1 α_E 与 α_1 的关系

从图 5.7 中可以看出，广义畸形波时频能量集中度 α_E 与外部特征参数 α_1 近似呈线性关系，随着参数 α_1 的增大，参数 α_E 有明显的增长趋势。通过线性回归分析(图 5.8)，得到 69 组特征大波 α_E 和 α_1 满足如下关系：

$$\alpha_E = -10.4 + 8.18\alpha_1 \tag{5.13}$$

下面对式(5.13)进行拟合优度评价和显著性检验。

基于数理统计原理，当显著水平 $\alpha = 0.01$，观测数据组数 $n_a = 11$ 时，相关系数临界值为 $R_a = 0.735$，检验统计量 F 的临界值 $F_a = 10.6$。

对公式(5.13)的回归分析中，观测组数 $n = 69 > n_a = 11$，相关系数 $R = 0.94 > R_a = 0.735$，表明拟合程度较优；统计量 $F = 467 \gg F_a = 10.6$，表明回归模型可以通过显著性检验。

5.4.2 α_E 与 α_2、α_3、α_4 的关系

为了较全面的说明广义畸形波时频能量集中度参数 α_E 与畸形波外部特征参数的关系，图 5.9 ~ 图 5.11 分别给出了广义畸形波时频能量集中度 α_E 与 α_2、α_3、α_4 的关系。

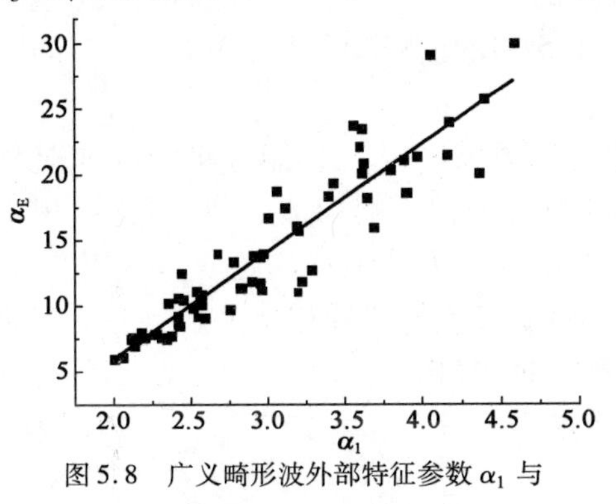

图 5.8 广义畸形波外部特征参数 α_1 与能量参数 α_E 的关系

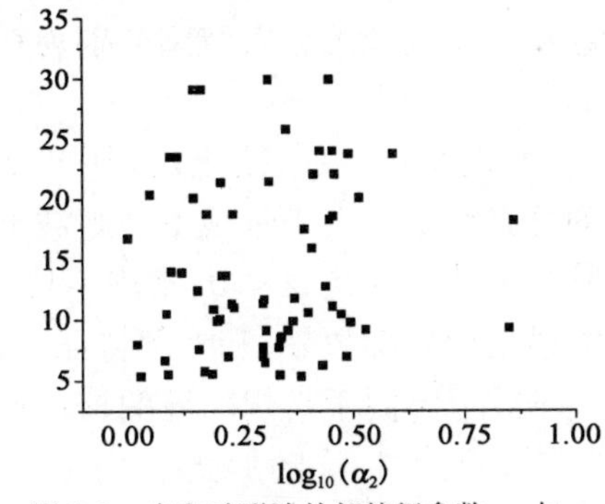

图 5.9 广义畸形波外部特征参数 α_2 与能量参数 α_E 的关系

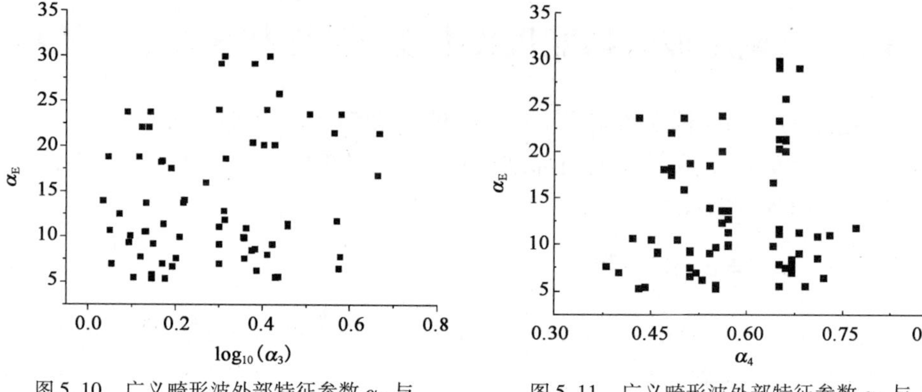

图 5.10　广义畸形波外部特征参数 α_3 与能量参数 α_E 的关系

图 5.11　广义畸形波外部特征参数 α_4 与能量参数 α_E 的关系

从图 5.9 ~ 图 5.11 可以看出，畸形波生成、演化过程中的特征大波浪的内部波能参数 α_E 与外部特征参数 α_2，α_3、α_4 没有明显的相关关系。

5.5　本章小结

本章使用小波分析方法定量分析畸形波生成、演化过程中出现的特征大波（连续大波、深谷、准畸形波和畸形波）的时频能量结构特征，并与常规不规则波列（不包含异常大波的不规则波列）中较大波浪的时频能量结构特征进行对比，分析了畸形波时频能量集中度与外部特征参数的关系。得出了如下结论：

（1）对于畸形波生成、演化过程中出现的特征大波浪而言，畸形波的瞬时能量集中度最高，即 α_E 最大，准畸形波的 α_E 为畸形波的 65% ~100%；深谷和连续大波的 α_E 相对较小，但仍可达到畸形波的 44% ~96%。特征大波的能量集中区在时—频域的分布范围分别为 0.3 ~1.5 倍的谱峰频率和 1.9 ~6.3 倍的谱峰周期。

（2）畸形波生成、演化过程中出现的特征大波的 α_E 值、能量集中区在时频域的分布范围均大于常规不规则波列中的较大波浪。畸形波生成、演化过程中的特征大波均满足 $\alpha_E \geqslant 6$；常规不规则波列中的较大波浪均满足 $\alpha_E \leqslant 4.17$。时频能量集中度参数 α_E 和外部特征参数 α_1 具有显著的线性相关关系。考虑到畸形波本质上不同于常规大波的核心特征是时频能量高度集中，故定义满足 $\alpha_E \geqslant 6$ 的大波浪为“广义畸形波”。采用时频能量集中度 $\alpha_E \geqslant 6$ 定义“广义畸形波”，对应的外部特征参数条件为满足 $\alpha_1 \geqslant 2$。

6　畸形波的内部结构

波浪内部结构包括水质点速度、加速度，波浪势能、动能、能流速率，波浪频域能量分布、波浪时频域能量分布等方面。波浪的内部结构决定了其外部特征（波面特征），因此对畸形波内部结构的探究，将有助于进一步解释畸形波的生成机理，同时对于解释畸形波与结构物的作用机理也有重要的意义。

本章基于数值模拟结果，探讨了广义畸形波的内部结构特征。此处所谓的“广义畸形波”是指畸形波生成、演化过程中出现的特征大波，包括：大峰波、深谷，准畸形波和畸形波。

第5章已经讨论了畸形波的时—频域能量问题，在此重点讨论波浪水质点速度、加速度，动能、势能、能量流速率5个波浪内部结构方面的问题。

6.1　作为研究对象的畸形波

作为示例，选择本书2.2.6小节中经过物理模型试验结果（波面和水质点速度）验证过的畸形波进行计算与分析（图2.17～图2.19）。

选择该畸形波生成、演化过程中出现的5个广义畸形波（含畸形波），作为分析“广义畸形波”内部结构参量基本特征的研究对象。5个广义畸形波中含有3个大波峰和2个深谷。

图6.1给出了5个广义畸形波波面的空间分布（不同时刻）。5个广义畸形波的波峰（波谷）值参见表6.1，其中正值表示峰值，负值表示谷值。

作为研究对象的广义畸形波的峰值（谷值）　　表6.1

广义畸形波类型	广义畸形波a	广义畸形波b	广义畸形波c	广义畸形波d	广义畸形波e
峰值（谷值）	6.97cm	9.02cm	11.52cm	-7.1cm	-5.94cm

3个大波峰分别为：畸形波生成前的大波（发生时刻$t=86.46\text{s}$），记为广义畸形波a；波峰左右侧波谷值相等的畸形波（发生时刻$t=88.86\text{s}$，满足畸形波的严格定义），记为广义畸形波b；峰值最大的畸形波（发生时刻$t=89.65\text{s}$，满足畸形波的严格定义），记为广义畸形波c。

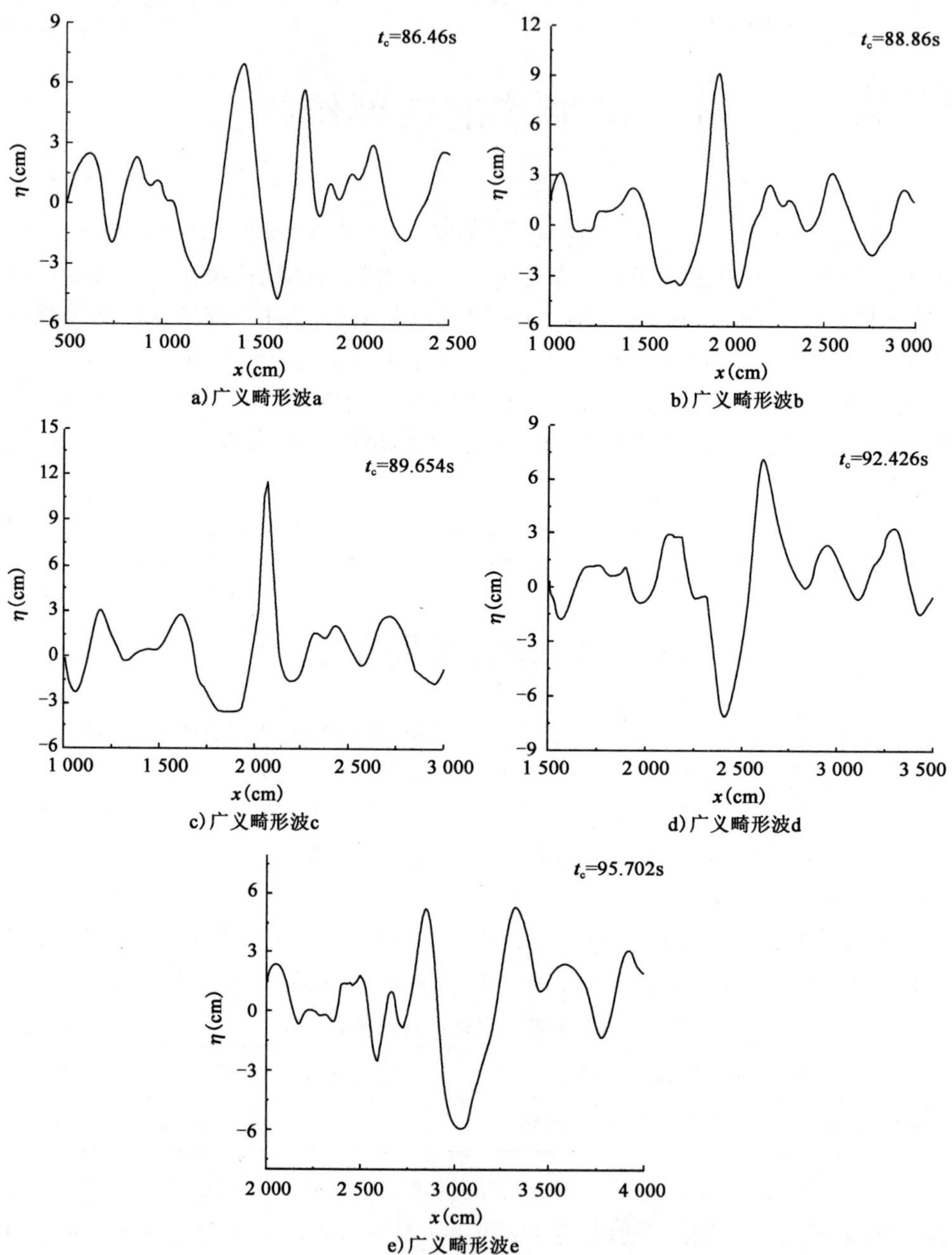

图 6.1 作为研究对象的广义畸形波的波面空间分布

2 个深谷分别为：谷值最大的深谷（发生时刻 $t=92.43$s），记为广义畸形波 d；波谷左右侧波峰值相等的深谷（发生时刻 $t=95.70$s），记为广义畸形波 e。

6.2 速度场基本特征

6.2.1 广义畸形波波峰附近速度场

1）水质点水平速度的垂向分布

表 6.2 给出了数值模拟得到的畸形波和五阶 Stokes 波，波峰位置距水底不同高度处的水质点水平速度计算结果。为了方便比较，指定五阶 Stokes 波与畸形波的波峰高度和周期相同。

畸形波和五阶 Stokes 波波峰位置距水底不同高度处的水质点水平速度（单位：cm/s）

表 6.2

波浪	$z/d=0.2$	$z/d=0.5$	$z/d=1.0$（静水面）	$z/d=1.13$	波峰
畸形波	27	30.6	46.8	55.8	66.6
五阶 Stokes 波	37.1	39.2	50.1	54.5	59.0
速度比值	0.73	0.78	0.93	1.02	1.13

图 6.2 给出了三组广义畸形波（广义畸形波 a，b 和 c）和五阶 Stokes 波水质点无量纲水平速度沿水深的分布。图中，η^* 表示波峰值与有效波高的比值，C 表示对应波浪的波面传播速度。

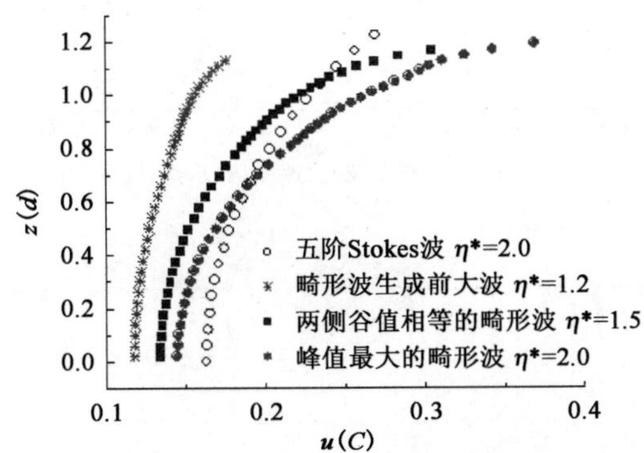

图 6.2 广义畸形波及五阶 Stokes 波波峰位置水质点无量纲水平速度沿水深分布

由表 6.2 可以看出：波峰位置，畸形波水质点水平速度大于五阶 Stokes 波（约 1.13 倍）；静水面附近，两者大体相当；静水面以下，畸形波水质点水平速度小于五阶 Stokes 波，越接近水底，两者相差越多，如距离水底 0.5 倍水深处，畸形波的水质点水平速度约为五阶 Stokes 波的 78%，距离水底 0.2 倍水深处，约为五阶 Stokes 波的 73%。

从图 6.2 可知：对于广义畸形波而言，波峰值越大，水质点水平速度越大。广义畸形波 b 和 c 的水质点无量纲水平速度沿水深变化比五阶 Stokes 波快，广义畸形波 a 与五阶 Stokes 波相差不多。

2）速度场

图 6.3 给出了上述广义畸形波及五阶 Stokes 波水质点无量纲速度矢量的空间分布。

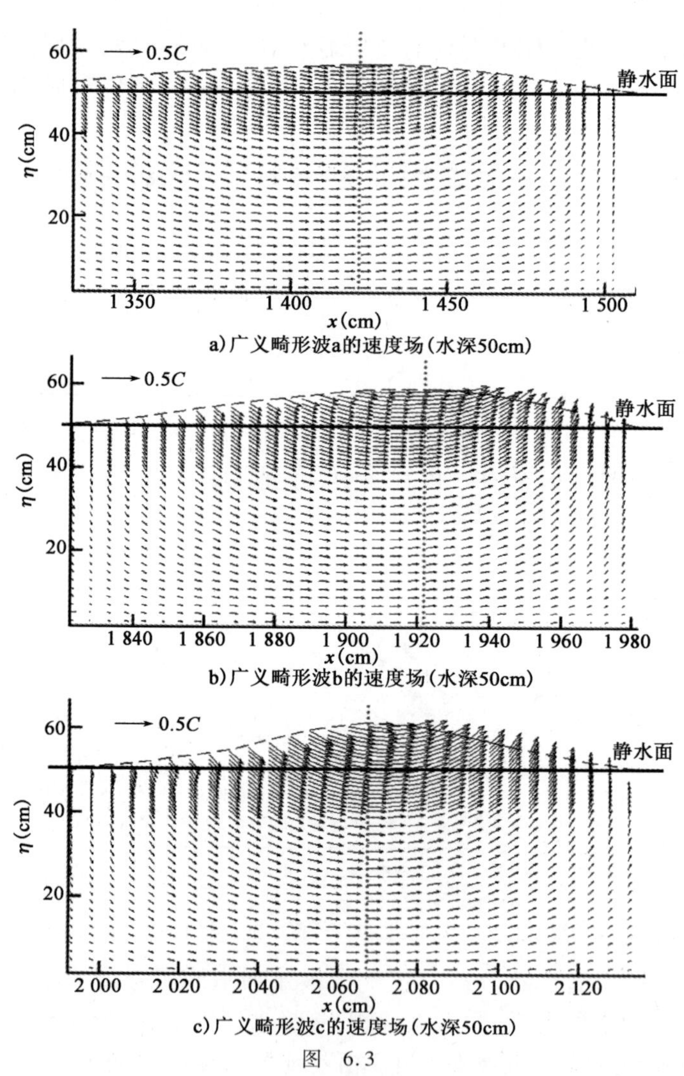

a）广义畸形波a的速度场（水深50cm）

b）广义畸形波b的速度场（水深50cm）

c）广义畸形波c的速度场（水深50cm）

图 6.3

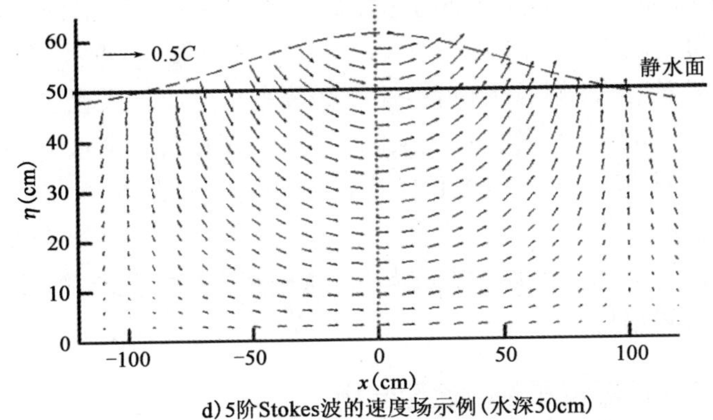

d)5阶Stokes波的速度场示例(水深50cm)

图6.3 广义畸形波及5阶Stokes波波峰附近的水质点无量纲速度场

从图6.3可以看出:给出的3组广义畸形波波峰附近的水质点无量纲速度矢量空间分布呈类似特征:波峰位置水质点水平速度最大,水质点垂向速度为0(或近似为0);波峰附近水质点水平速度均是正值,与波浪的传播方向一致;以波峰为中心,波浪传播方向侧,水质点的垂向速度为正值;来波方向侧,水质点的垂向速度为负值。

(1)对广义畸形波a而言:水质点水平速度最大值约为其对应的波面传播速度的0.18倍;波峰左侧(来波方向侧),水质点垂向速度最大值约为其对应的波面传播速度的0.1倍(方向向下),发生在波峰后0.16倍的波长位置;波峰右侧(波浪传播方向侧),水质点垂向速度最大值约为其对应的波面传播速度的0.12倍(方向向上),发生在波峰前0.16倍的波长位置;波峰两侧水质点速度不相等,在波浪传播方向侧的水质点垂向速度值与来波方向侧相比略大。以波峰为中心,垂向速度场分布有一定程度的不对称。

(2)对广义畸形波b而言:水质点水平速度最大值约为其对应的波面传播速度的0.30倍;波峰左侧(来波方向侧),水质点垂向速度最大值约为其对应的波面传播速度的0.12倍(方向向下),发生在波峰后0.14倍的波长位置;波峰右侧(波浪传播方向侧),水质点垂向速度最大值约为其对应的波面传播速度的0.2倍(方向向上),发生在波峰前0.09倍的波长位置;波浪传播方向侧的速度值与来波方向侧相比较大。以波峰为中心,广义畸形波b的速度场分布与广义畸形波a相比,呈现出更大程度的不对称,尤其在临近波峰的位置。

(3)对广义畸形波c而言:水质点水平速度最大值约为其对应的波面传播速度的0.37倍;波峰左侧(来波方向侧),水质点垂向速度最大值约为其对应的波面传播速度的0.20倍(方向向下),发生在波峰后0.07倍的波长位置;波峰右侧(波浪传播方向侧),水质点垂向速度最大值约为其对应的波面传播速度的0.21倍(方向向上),发生在波峰前0.07倍的波长位置;临近波峰位置,两侧速度场分布基本对称;距波峰较远位置,速度场分布呈现出较大程度的不对称。

与五阶Stokes波速度场比较,广义畸形波波峰两侧,无论水平速度还是垂向速度,其空间分布均不对称。波浪传播方向侧的速度较大。

从数值模拟的3组广义畸形波水质点速度来看,水质点速度最大值均远小于其对应的波面传播速度。换言之,尽管广义畸形波的波高很大,但其远未达到波浪的运动学破碎指标。

6.2.2 广义畸形波深谷附近速度场

1)水质点水平速度的垂向分布

表6.3给出了数值模拟得到的广义畸形波(深谷)和线性波波谷位置距水底不同高度处的水质点水平速度计算结果。为了方便比较,指定线性波与广义畸形波的波谷高度和周期相同。在此给出广义畸形波(深谷)与线性波比较,是因为该广义畸形波的谷值超过了该条件下五阶Stokes所能达到的最大波谷值。

广义畸形波和线性波波谷位置距水底不同高度处的水质点水平速度比较(单位:cm/s) 表6.3

波浪	$z/d=0.2$	$z/d=0.5$	波谷
广义畸形波(深谷)	28.8	30.6	38.7
线性波	28.4	29.4	31.5
速度比值	1.01	1.04	1.23

表6.3可以看出:波谷位置,广义畸形波水质点水平速度大于线性波(约1.23倍);距离水底0.5倍水深以下,两者大体相当。

图6.4给出了2组广义畸形波(广义畸形波d和e)及线性波,波谷位置水质点无量纲水平速度沿水深的分布。η_t^* 表示波谷值与有效波高的比值。

从图6.4中可以看出:对于广义畸形波而言,波谷值越大,水质点水平速度越大;波谷位置,广义畸形波b和c水质点无量纲水平速度沿水深变化比线性波快。

2)速度场

图6.5给出了2组广义畸形波(广义畸形波d和e)水质点无量纲速度矢量的空间分布。无量纲参数选用畸形波的波面传播速度C。

从图6.5可以看出,给出的2组广义畸形波(深谷)波谷附近水质点无量纲速度矢量的空间分布呈类似特征：波谷位置水质点水平速度最大，水质点垂向速度为0(或近似为0)；波谷附近水质点水平速度均是负值，与波浪的传播方向相反；以波谷为中心，波浪传播方向侧的水质点垂向速度为负值；来波方向侧的水质点垂向速度为正值，与波峰附近速度场情况相反。

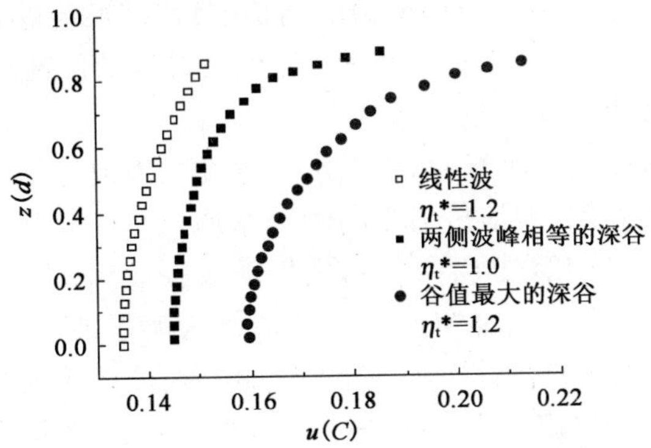

图6.4　广义畸形波及线性波波谷位置水质点无量纲水平速度沿水深的分布

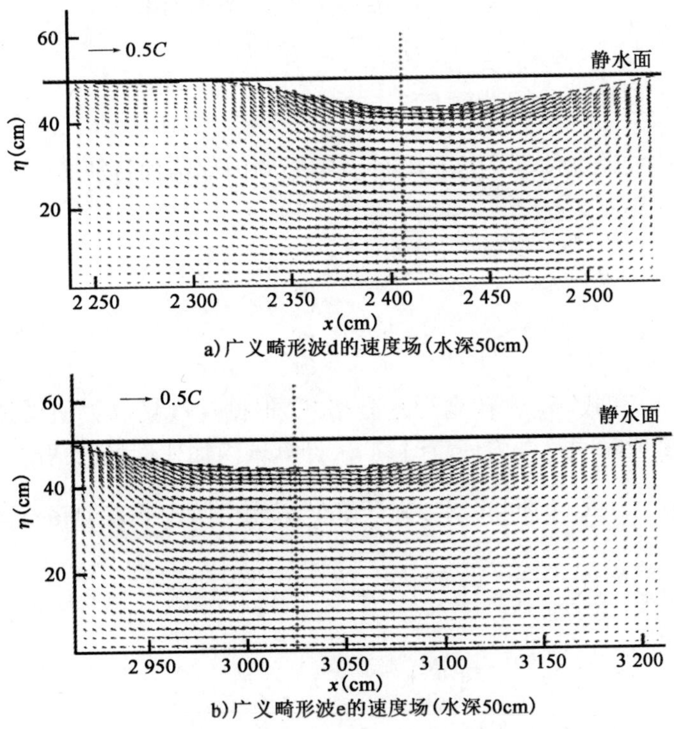

图6.5　广义畸形波(深谷)波谷附近水质点的无量纲速度场

(1)对广义畸形波 d 而言:水质点水平速度最大值约为畸形波波面传播速度的 0.22 倍;波谷右侧(波浪传播方向侧),水质点垂向速度最大值约为畸形波波面传播速度的 0.13 倍(方向向下),发生在波谷前 0.27 倍的波长位置;波谷左侧(来波方向侧),水质点垂向速度最大值约为畸形波波面传播速度的 0.09 倍(方向向上),发生在波谷后 0.09 倍的波长位置;波浪传播方向侧的水质点垂向速度值与来波方向侧相比较大,尤其在距波谷较远的位置。以波谷为中心,垂向速度场分布有较大程度的不对称。

(2)对广义畸形波 e 而言:水质点水平速度最大值约为畸形波波面传播速度的 0.18 倍;波谷右侧(波浪传播方向侧),水质点垂向速度最大值约为畸形波波面传播速度的 0.06 倍(方向向下),发生在波谷前 0.23 倍的波长位置;波谷左侧(来波方向侧),水质点垂向速度最大值约为畸形波波面传播速度的 0.13 倍(方向向上),发生在波谷后 0.38 倍的波长位置;波浪传播方向侧的速度值明显小于来波方向侧。以波谷为中心,两侧速度场分布呈现出很大程度的不对称。

6.3 加速度场基本特征

6.3.1 加速度场的计算方法

水质点的加速度值同样也是畸形波重要的内部结构特征参数。其计算公式见式(6.1)和式(6.2):

$$a_x = \frac{\partial u}{\partial t} + u\frac{\partial u}{\partial x} + v\frac{\partial u}{\partial y} \tag{6.1}$$

$$a_y = \frac{\partial v}{\partial t} + u\frac{\partial v}{\partial x} + v\frac{\partial v}{\partial y} \tag{6.2}$$

将式(6.1)和式(6.2)转化为差分格式,根据速度场的数值模拟结果,便可以求解数值模拟时间范围内任意时刻 t_n,计算域内加速度场的情况。

对于任意时刻 t_n,时间的偏导数$\frac{\partial u}{\partial t}$和$\frac{\partial v}{\partial t}$采用一阶中心差分格式离散,即:

$$\left(\frac{\partial u}{\partial t}\right)_{i,j}^{n} = \frac{u_{i,j}^{n+1} - u_{i,j}^{n-1}}{t_{n+1} - t_{n-1}} \tag{6.3}$$

$$\left(\frac{\partial v}{\partial t}\right)_{i,j}^{n} = \frac{v_{i,j}^{n+1} - v_{i,j}^{n-1}}{t_{n+1} - t_{n-1}} \tag{6.4}$$

由于本书采用交错网格技术,速度节点在网格边界,对于任意时刻 t_n,空间的偏导数$\frac{\partial u}{\partial x}$,$\frac{\partial u}{\partial y}$,$\frac{\partial v}{\partial x}$和$\frac{\partial v}{\partial y}$采用一阶向后差分格式离散,即:

$$\left(\frac{\partial u}{\partial x}\right)_{i,j}^{n}=\frac{u_{i,j}^{n}-u_{i-1,j}^{n}}{\Delta x_{i}} \tag{6.5}$$

$$\left(\frac{\partial u}{\partial y}\right)_{i,j}^{n}=\frac{u_{i,j}^{n}-u_{i,j-1}^{n}}{y_{j}-y_{j-1}} \tag{6.6}$$

$$\left(\frac{\partial v}{\partial x}\right)_{i,j}^{n}=\frac{v_{i,j}^{n}-v_{i-1,j}^{n}}{x_{i}-x_{i-1}} \tag{6.7}$$

$$\left(\frac{\partial v}{\partial y}\right)_{i,j}^{n}=\frac{v_{i,j}^{n}-v_{i,j-1}^{n}}{\Delta y_{j}} \tag{6.8}$$

基于数值模拟得到的“广义畸形波”速度场结果,采用式(6.1)~式(6.8)则可以计算“广义畸形波”的加速度场。

6.3.2 广义畸形波波峰位置加速度场

图6.6给出了三组广义畸形波(广义畸形波a,b和c)波峰附近的水质点无量纲加速度矢量的空间分布。无量纲参数选用重力加速度g。

从图6.6可以看出,给出的3组广义畸形波波峰附近的水质点无量纲加速度矢量空间分布呈类似特征:水质点垂向加速度最大值发生在距离波峰很近的位置,波峰位置水质点水平方向加速度很小(近似为0);波峰附近水质点垂向加速度大部分为负值;以波峰位置为中心,波浪传播方向侧,水质点水平加速度为正值,来波方向侧,水质点水平加速度为负值。

(1)对广义畸形波a而言:水质点垂向加速度最大值约为重力加速度的0.08倍,发生在波峰前0.03倍的波长位置;波峰左侧(来波方向侧),水质点水平加速度最大值约为重力加速度的0.09倍,发生在波峰后0.19倍的波长位置;波峰右侧(波浪传播方向侧),水质点水平加速度最大值约为重力加速度的0.11倍,发生在波峰前0.12倍的波长位置;波浪传播方向侧的水质点加速度值与来波方向侧相比略大。以波峰为中心,加速度场分布有一定程度的不对称。

(2)对广义畸形波b而言:水质点垂向加速度最大值约为重力加速度的0.13倍,发生在波峰前0.02倍的波长位置;波峰左侧(来波方向侧),水质点水平加速度最大值约为重力加速度的0.14倍,发生在波峰后0.16倍的波长位置;波峰右侧(波浪传播方向侧),水质点水平加速度最大值约为重力加速度的0.21倍,发生在波峰前0.11倍的波长位置;波浪传播方向侧的水质点加速度值与来波方向侧比较大;以波峰为中心,加速度场分布有一定程度的不对称。

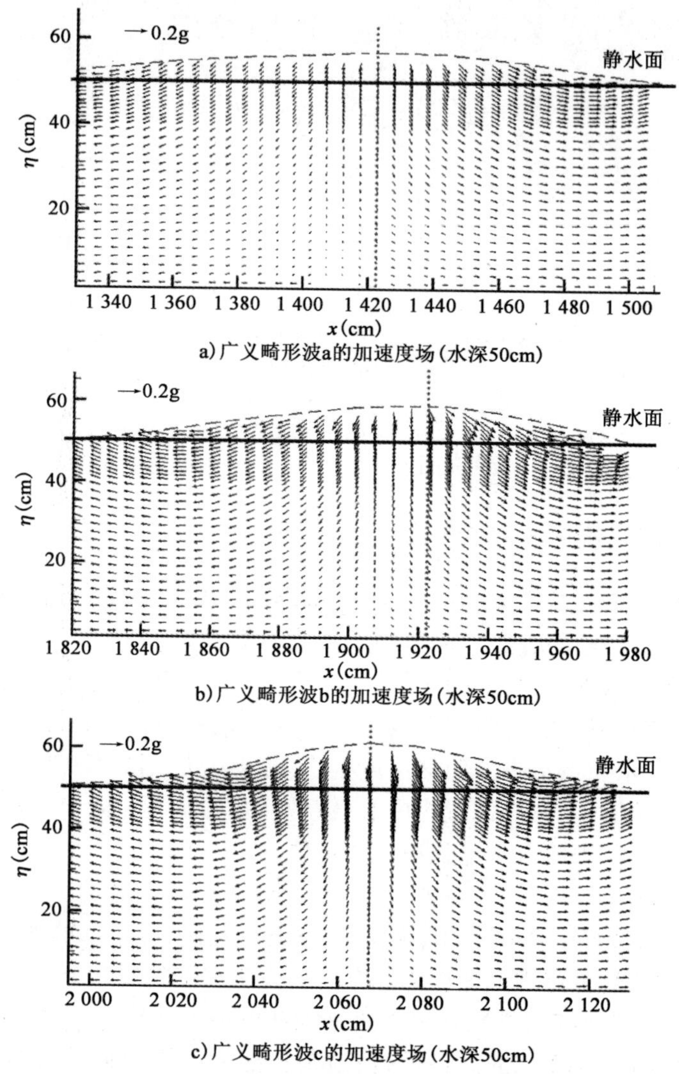

a)广义畸形波a的加速度场(水深50cm)

b)广义畸形波b的加速度场(水深50cm)

c)广义畸形波c的加速度场(水深50cm)

图6.6　广义畸形波波峰附近的水质点无量纲加速度场

(3)对广义畸形波c而言:水质点垂向加速度最大值约为重力加速度的0.21倍,发生在波峰前0.01倍的波长位置;波峰左侧(来波方向侧),水质点水平加速度最大值约为重力加速度的0.21倍,发生在波峰后0.10倍的波长位置;波峰右侧(波浪传播方向侧),水质点水平加速度最大值约为重力加速度的0.20倍,发生在波峰前0.07倍的波长位置;波浪传播方向侧的水质点加速度值与来波方向侧相比相差不多;以波峰为中心,两侧加速度场的分布基本对称。

从数值模拟的3组“广义畸形波”水质点加速度来看，水质点加速度最大值约为0.2倍重力加速度。

6.3.3 广义畸形波深谷位置加速度场

图6.7给出了2组广义畸形波（广义畸形波d和e）深谷附近的水质点无量纲加速度矢量的空间分布。无量纲参数选用重力加速度g。

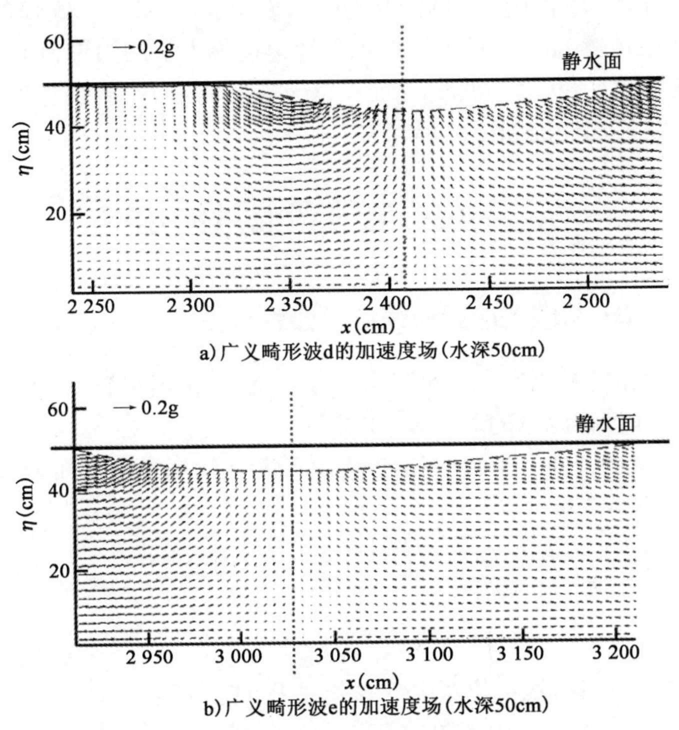

图6.7 广义畸形波波谷附近的水质点无量纲加速度场

从图6.7可以看出，给出的2组广义畸形波波谷附近的水质点无量纲加速度矢量空间分布呈类似特征：波谷位置水质点水平方向加速度很小（近似为0），波谷附近水质点垂向加速度大部分为正值；以波谷为中心，波浪传播方向侧，水质点水平加速度为负值；来波方向侧，水质点水平加速度为正值。

（1）对广义畸形波d而言：水质点垂向加速度正值最大值约为重力加速度的0.09倍，发生在波峰后0.03倍的波长位置；水质点垂向加速度负值最大值约为重力加速度的0.08倍，发生在波峰后0.2倍的波长位置。波峰左侧（来波方向侧），水质点水平加速度最大值约为重力加速度的0.13倍，发生在波峰后

0.11 倍的波长位置;波峰右侧(波浪传播方向侧),水质点水平加速度最大值约为重力加速度的 0.14 倍,发生在波峰前 0.27 倍的波长位置。以波谷为中心,两侧加速度场的分布明显不对称,来波方向侧的垂向加速度场在正负值之间逐渐变化,波浪传播方向侧垂加速度场主要是正值,并且大小也不相同。

(2)对广义畸形波 e 而言:水质点垂向加速度最大值约为重力加速度的 0.06 倍,发生在波峰后 0.17 倍的波长位置。波峰左侧(来波方向侧),水质点水平加速度最大值约为重力加速度的 0.13 倍,发生在波峰后 0.25 倍的波长位置;波峰右侧(波浪传播方向侧),水质点水平加速度最大值约为重力加速度的 0.05 倍,发生在波峰前 0.39 倍的波长位置。以波谷为中心,两侧加速度场的分布明显不对称,来波方向侧的加速度场较大。

6.4 动能、势能和能量流速率

6.4.1 动能、势能和能量流速率的计算方法

动能、势能和能量流速率也是畸形波重要的内部结构特征参数,描述了波浪携带能量多少和传输能量的效率。

对于单位面积波面下水柱的动能 E_{k} 和势能 E_{p}(取平静水面为势能零点)可由式(6.9)和式(6.10)计算:

$$E_{\mathrm{k}} = \int_{-d}^{\eta} \frac{1}{2}\rho(u^2 + v^2)\mathrm{d}z \tag{6.9}$$

$$E_{\mathrm{p}} = \int_{-d}^{\eta} \rho g z \mathrm{d}z \tag{6.10}$$

对于沿波峰(波谷)线单位宽度铅垂截面上通过的能流速率 P 可由式(6.11)计算:

$$P = \int_{-d}^{\eta} p u \mathrm{d}z \tag{6.11}$$

将式(6.9)~式(6.11)中的积分计算转化为以 y 方向网格长度为步长的离散求和格式,根据速度场和压力场的数值模拟结果,便可以求解数值模拟时间范围内任意时刻 t_n,单位面积波面下水柱的动能 E_{k}、势能 E_{p} 和沿波峰(波谷)线单位宽度铅垂截面上通过的能流速率 P。

$$E_{\mathrm{k}}^{n} = \frac{1}{2}\rho \sum_{j}[(u_{i,j}^{n})^2 + (v_{i,j}^{n})^2]\Delta y_j \tag{6.12}$$

$$E_{\mathrm{p}}^{n} = \rho \mathrm{g} \sum_{j} y_j \Delta y_j \tag{6.13}$$

$$P^n = \sum_j p_{i,j}^n u_{i,j}^n \Delta y_j \tag{6.14}$$

基于数值模拟得到的广义畸形波速度场和压力场结果，采用式(6.12)~式(6.14)则可计算广义畸形波的单位面积波面下水柱的动能 E_k、势能 E_p 和沿波峰(波谷)线单位宽度铅垂截面上通过的能流速率 P。

6.4.2 广义畸形波的动能、势能和能量流速率

表6.4汇总给出了5组广义畸形波(广义畸形波a,b,c,d和e)波峰(波谷)发生时刻单位面积波面下水柱的动能 E_k、势能 E_p 和沿波峰(波谷)线单位宽度铅垂截面上通过的能流速率 P 的无量纲值。G_0 表示单位面积静水面以下水柱的重力，d 表示水深。

广义畸形波波峰(波谷)发生时刻动能、势能和能量流速率计算结果汇总 表6.4

广义畸形波	$100E_p/d \cdot G_0$	$100E_k/d \cdot G_0$	$100P/d \cdot G_0 \cdot C$
广义畸形波 a	0.98	0.70	1.61
广义畸形波 b	1.62	1.24	2.36
广义畸形波 c	2.88	1.85	3.01
广义畸形波 d	-0.98	0.85	1.65
广义畸形波 e	-0.50	0.69	1.51

从表6.4中可以看出，5组广义畸形波中，峰值最大的畸形波的瞬时动能、势能和能量流速率最大。

6.5 畸形波外部与内部结构参数关系之探讨

本节重点分析畸形波外部特征参数与内部结构特征参数的关系。使用数值模型模拟5组周期相同、峰值不同的畸形波(畸形波XIV~XVIII)作为研究对象，计算这5组数值模拟畸形波的内部结构参数。

定义畸形波波峰高度 η_c 与谱峰周期对应的波长 L_p 之比为畸形波波峰陡度。H_0 和 T_0 分别表示畸形波的波高和周期。表6.5给出了5组模拟畸形波的外部特征参数($H_0, T_0, \eta_c, \eta_c/L_p, \alpha_1, \alpha_2, \alpha_3$ 和 α_4)。

表6.6汇总给出了5组数值模拟畸形波内部结构参数的计算结果(U_{max}/C, $a_{ymax}/g, E_k/d \cdot G_0, E_p/d \cdot G_0$ 和 $P/d \cdot G_0 \cdot C$)。

5 组数值模拟畸形波外部特征参数汇总　　表 6.5

算　例	H_0(cm)	T_0(s)	η_c(cm)	η_c/L_p	α_1	α_2	α_3	α_4
畸形波 XIV	5.14	2.13	3.40	0.006	2.31	2.82	3.25	0.66
畸形波 XV	10.45	2.18	6.89	0.013	2.50	3.25	3.40	0.66
畸形波 XVI	15.28	2.21	11.30	0.021	2.37	2.58	3.61	0.74
畸形波 XVII	20.48	2.25	15.14	0.027	2.55	2.89	4.40	0.74
畸形波 XVIII	23.59	2.32	18.50	0.034	2.84	3.62	4.08	0.78

5 组数值模拟畸形波内部结构特征参数汇总　　表 6.6

算　例	U_{max}/C	a_{ymax}/g	$100E_p/d \cdot G_0$	$100E_k/d \cdot G_0$	$100P/d \cdot G_0 \cdot C$
畸形波 XIV	0.13	0.07	0.32	0.18	0.47
畸形波 XV	0.24	0.13	0.98	0.70	1.50
畸形波 XVI	0.37	0.21	2.88	1.85	3.01
畸形波 XVII	0.46	0.28	5.12	3.67	4.65
畸形波 XVIII	0.54	0.39	7.22	5.35	6.34

6.5.1 畸形波特征参数 α_1 与内部结构参数关系

为了分析畸形波外部特征参数 α_1 与内部结构参数关系，图 6.5 系列分别给出了 5 组数值模拟畸形波外部特征参数 α_1 与内部结构参数 U_{max}/C、a_{ymax}/g、$E_p/d \cdot G_0$、$E_k/d \cdot G_0$ 和 $P/d \cdot G_0 \cdot C$ 的关系。

从图 6.8 可以看出，内部结构参数 U_{max}/C、a_{ymax}/g、$E_p/d \cdot G_0$、$E_k/d \cdot G_0$ 和 $P/d \cdot G_0 \cdot C$ 随外部特征参数 α_1 的增大有一定的增长趋势。

α_2 和 α_3 表示畸形波与邻近波浪的关系。对于畸形波内部结构与外部特征关系的研究，暂不讨论。

6.5.2 畸形波特征参数 α_4 与内部结构参数关系

为了分析畸形波外部特征参数 α_4 与内部结构参数的关系，图 6.9 给出了 5 组数值模拟畸形波外部特征参数 α_4 与内部结构参数 U_{max}/C、a_{ymax}/g、$E_p/d \cdot G_0$、$E_k/d \cdot G_0$ 和 $P/d \cdot G_0 \cdot C$ 的关系。

从图 6.9 可以看出，内部结构参数 U_{max}/C、a_{ymax}/g、$E_p/d \cdot G_0$、$E_k/d \cdot G_0$ 和 $P/d \cdot G_0 \cdot C$ 随特征参数 α_4 的增大有一定的增长趋势。

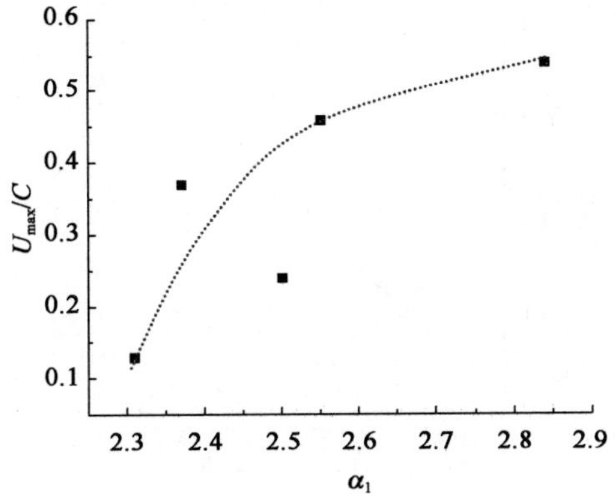

a) α_1与U_{max}/C的关系

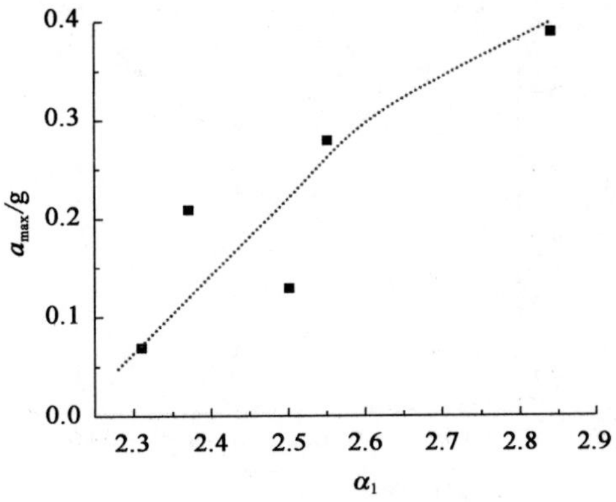

b) α_1与α_{ymax}/g的关系

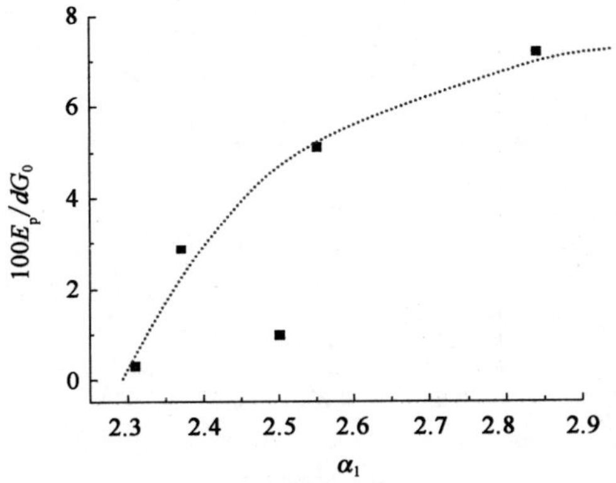

c) α_1与$E_p/d \cdot G_0$的关系

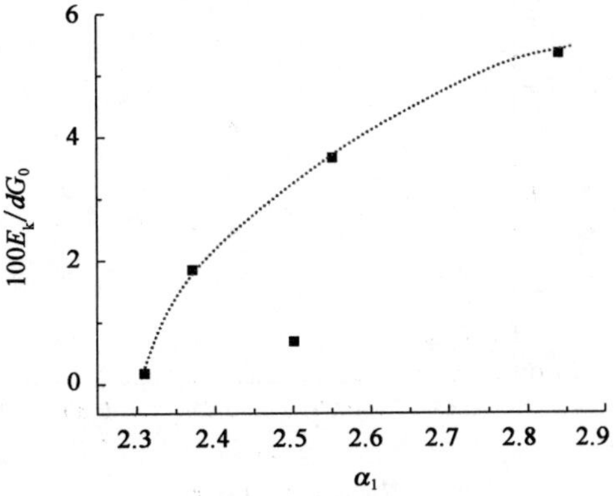

d) α_1与$E_k/d \cdot G_0$的关系

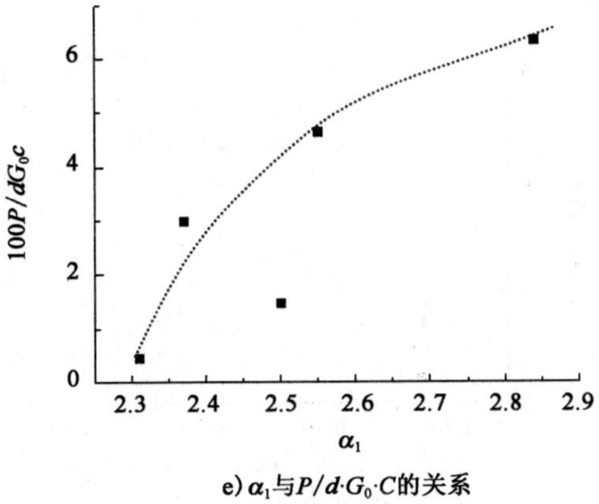

e) α_1与$P/d \cdot G_0 \cdot C$的关系

图 6.8　数值模拟畸形波内部结构参数与外部特征参数 α_1 的关系

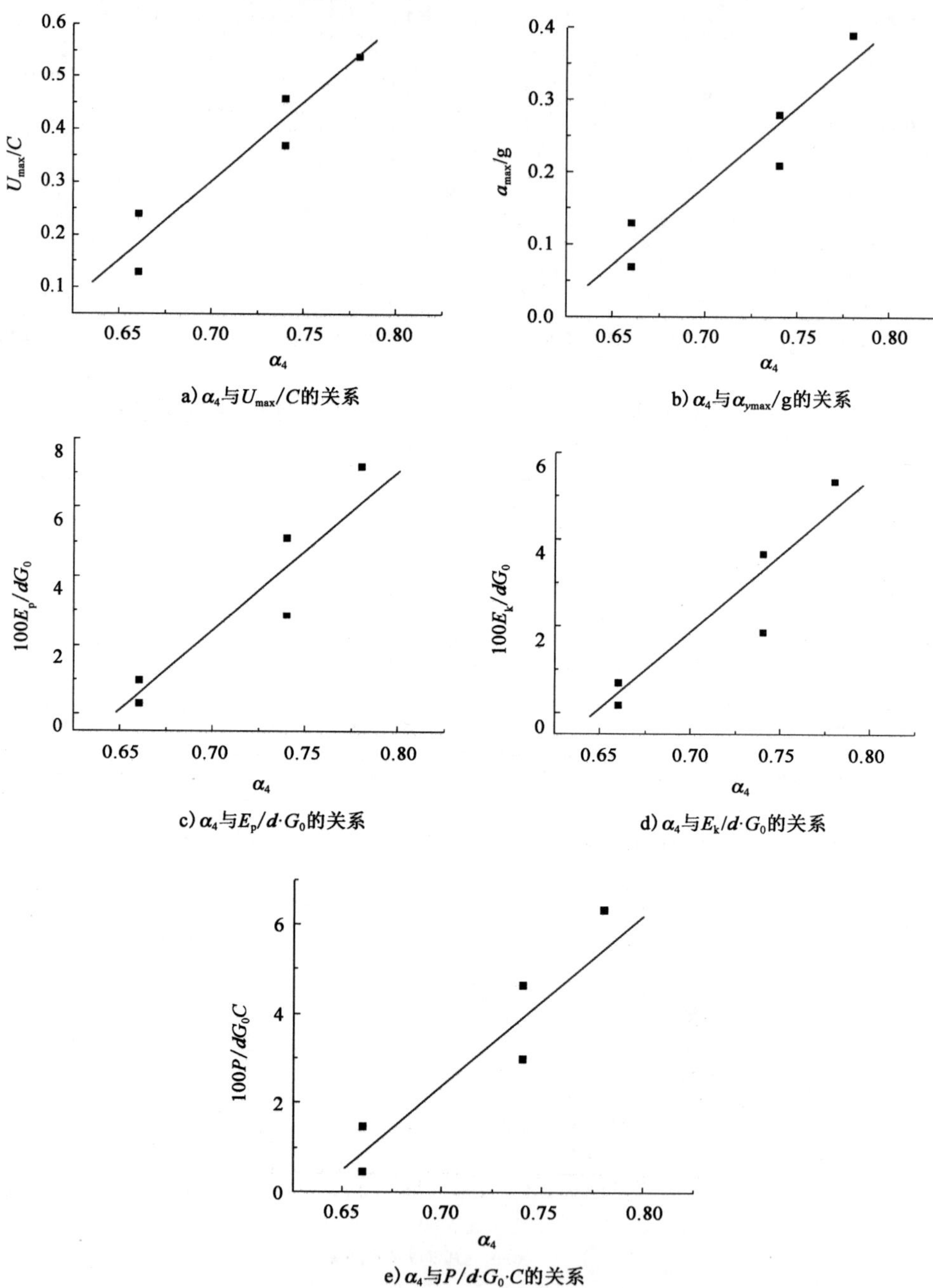

a) α_4与U_{max}/C的关系

b) α_4与α_{ymax}/g的关系

c) α_4与$E_p/d\cdot G_0$的关系

d) α_4与$E_k/d\cdot G_0$的关系

e) α_4与$P/d\cdot G_0\cdot C$的关系

图 6.9　数值模拟畸形波内部结构参数与外部特征参数 α_4 的关系

6.5.3 畸形波波峰陡度 η_c/L_p 与内部结构参数关系

为了分析畸形波波峰陡度 η_c/L_p 与内部结构参数的关系，图 6.10 系列分别给出了 5 组数值模拟畸形波波峰陡度 η_c/L_p 与内部结构参数 U_{max}/C、a_{ymax}/g、$E_p/d \cdot G_0$、$E_k/d \cdot G_0$ 和 $P/d \cdot G_0 \cdot C$ 的关系。

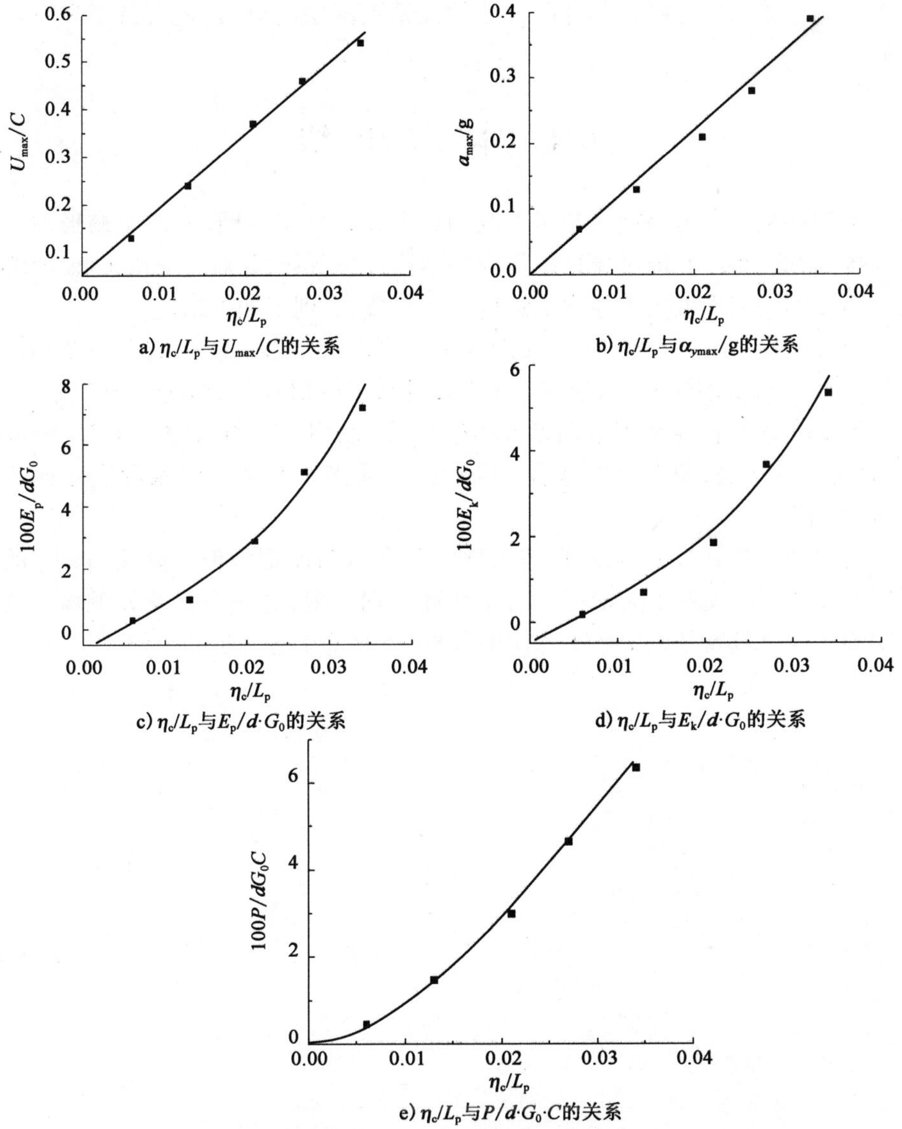

a) η_c/L_p 与 U_{max}/C 的关系

b) η_c/L_p 与 α_{ymax}/g 的关系

c) η_c/L_p 与 $E_p/d \cdot G_0$ 的关系

d) η_c/L_p 与 $E_k/d \cdot G_0$ 的关系

e) η_c/L_p 与 $P/d \cdot G_0 \cdot C$ 的关系

图 6.10 数值模拟畸形波内部结构参数与外部特征参数 η_c/L_p 的关系

从图 6.10 可以看出,内部结构参数 U_{max}/C、a_{ymax}/g、$E_p/d \cdot G_0$、$E_k/d \cdot G_0$ 和 $P/d \cdot G_0 \cdot C$ 随畸形波波峰陡度 η_c/L_p 的增大而增长。

综合比较畸形波内部结构参数(U_{max}/C,a_{ymax}/g,$E_p/d \cdot G_0$,$E_k/d \cdot G_0$ 和 $P/d \cdot G_0 \cdot C$)与畸形波外部参数 α_1、α_4 及 η_c/L_p 关系可以发现,内部结构参量与畸形波波峰陡度关系最为密切,曲线离散程度最低。由于计算组别有限,对这一现象及关于畸形波的内部结构与外部特征的关系更深层的分析,还有待于进一步的工作。

6.6 本章小结

根据广义畸形波速度场和压力场的数值模拟结果,计算了广义畸形波的加速度场、动能、势能和能量流速率等内部结构特征参数,并对比分析了周期相同、波峰高度不同畸形波的上述内部结构特征参数,得到了如下结论。

广义畸形波波峰值越大,水质点水平速度越大;波峰高度、周期完全相同的 5 阶 Stokes 波与畸形波的水质点水平速度比较,波峰位置畸形波大于 5 阶 Stokes 波(约 1.13 倍);静水面附近两者大体相当;静水面以下,畸形波小于 5 阶 Stokes 波,且越接近水底,两者相差越多。畸形波水质点水平速度沿水深变化比 5 阶 Stokes 波快。

有限的计算结果显示,畸形波内部结构参量与畸形波波峰陡度 η_c/L_p 的关系较与 α_1、α_4 的关系更为密切。由于计算组别有限,这一现象及关于畸形波的内部结构与外部特征的关系更深层的分析,还有待于进一步的工作。

7 斜坡和曲线地形对畸形波生成及内外部结构的影响

波浪能量的时—空聚焦被认为是畸形波生成的原因之一。海底地形的变化不仅影响波浪的外部特征,同时也影响其内部结构。本章采用数值模拟方法,探讨下述问题。

首先给定一定的动力边界条件,在平底地形上指定时、空位置模拟生成畸形波;然后在相同的动力边界条件下,令平底地形条件下的畸形波生成位置附近的地形发生变化,那么畸形波还能否生成?地形变化后畸形波生成的时空位置有怎样的变化?变化后的地形和平底地形上生成的畸形波在内、外部结构特征方面有何异同?

从波浪能量传递的角度而言,凸起地形将反射部分波能,同时也使得平底地形条件下设定的波浪能量的时—空聚焦受到干扰。探讨上述问题目的是考察海底地形变化对畸形波生成及其内外部结构的影响。

7.1 非平底地形及模拟组别

7.1.1 非平底地形

在此讨论两种非平底地形:斜坡地形和抛物线地形。

对于斜坡地形,模拟了 8 组不同坡度的斜坡,坡度在 1:25 ~ 1:5.6 范围内变化。斜坡地形边界和计算域参见图 7.1。将数值水槽分为三部分,设造波边界为原点,则各种坡度的斜坡地形可描述为:

Ⅰ区:$X = 0 \sim 1\,250\text{cm}$,平底地形,水深为 $d_0 = 150\text{cm}$。

Ⅱ区:$X = 1\,250 \sim 2\,000\text{cm}$,斜坡地形,水深从 d_0变化到 d_1。对应 8 组坡度为 1:25 ~ 1:5.6 的斜坡,坡顶的水深 d_1 在 15 ~ 120cm 之间变化。

Ⅲ区:$X = 2\,000 \sim 6\,500\text{cm}$,平底地形,水深为 d_1。

对于抛物线地形,模拟了 6 组抛物曲线地形,地形最大高度在 30 ~ 130cm 范围内变化。抛物曲线地形边界和计算域参见图 7.2。依然设造波边界为原点,则6组抛物曲线地形可描述为：

Ⅰ区：$X = 0 \sim 1\,250\text{cm}$，平底地形，水深为 $d_0 = 150\text{cm}$。

Ⅱ区：$X = 1\,250 \sim 2\,750\text{cm}$，抛物曲线地形，水深从 d_0 变化到 d_1。对应6组曲线地形，坡顶的水深 d_1 在 $20 \sim 120\text{cm}$ 之间变化。地形曲线由如下方程描述：

$$Y = ax^2 + bx + c \tag{7.1}$$

Ⅲ区：$X = 2\,750 \sim 6\,500\text{cm}$，平底地形，水深为 d_0。

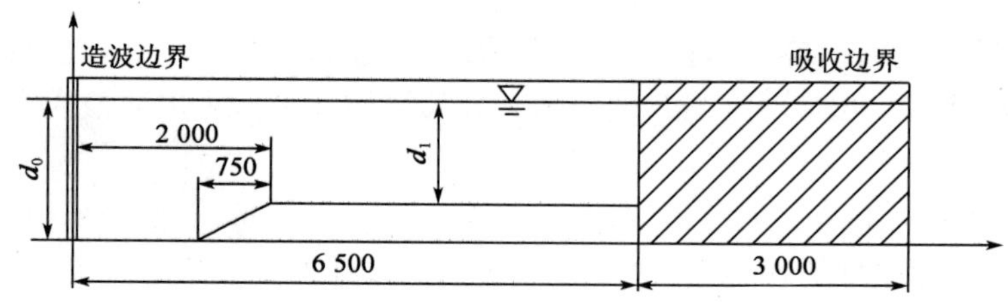

图7.1 斜坡地形的计算域示意图(尺寸单位：cm)

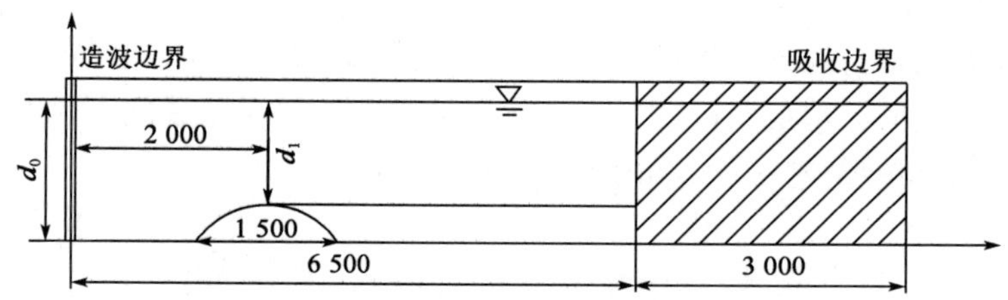

图7.2 曲线地形的计算域示意图(尺寸单位：cm)

关于计算域网格划分，在 x 方向(水平方向)上，网格划分与2.2节中平底地形条件下模型验证计算时所用计算域的网格划分完全一致。在 y 方向(垂直方向)上，网格划分与水深变化有关。为了保证计算精度的同时又提高计算效率，将计算域在 y 方向上划分成两层。第一层为从水面到水深50cm之间部分，网格间距 $\mathrm{d}y = 2.5\text{cm}$；第二层为从水深50cm处到水底之间部分，网格间距 $\mathrm{d}y = 10\text{cm}$。

为了检验 y 方向采用非均匀网格划分计算域的精度，使用该计算域和 y 方向采用均匀网格划分($\mathrm{d}y = 2.5\text{cm}$)的计算域模拟条件相同的一组畸形波。图7.3给出了模拟结果的对比。

从图7.3中可以看出，两组模拟结果完全吻合。由此可见，在 y 方向采用非均匀网格划分的计算域，可在提高计算效率的同时不影响计算精度。

7.1.2 数值模拟组别

所有模拟组别中，入射波条件相同，即有效波高 $H_s=5\text{cm}$，有效周期 $T_s=1.4\text{s}$。

为了分析不同地形条件下，模拟畸形波外部特征和内部结构的异同，共模拟15组不同地形条件下的畸形波作为代表算例。

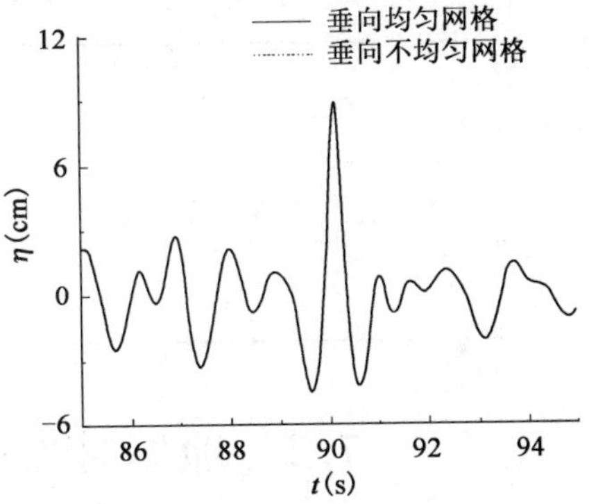

图7.3 使用 y 向单元格均匀和非均匀划分计算域得到的模拟结果的对比

15组算例划分如下：

(1)平底地形1组(算例1)：平底地形算例可以看成坡度为零或者曲线地形高度为零的特例，其结果作为考察地形变化影响的基准。

(2)斜坡地形8组(算例2~算例9)：考察地形坡度变化的影响。

(3)曲线地形6组(算例10~算例15)：考察曲线地形变化的影响。

将斜坡和1/2曲线地形长度均取约3倍的平均波长。该空间长度大于平底地形条件下从第一个广义畸形波出现到满足严格定义畸形波出现的空间长度。

表7.1汇总给出了数值模拟算例组别。表中 L_s 为有效波长(有效周期对应的波长)；$\Delta d/d_0$ 为无量纲水深变化，其中 $\Delta d=d_0-d_1$。

数值模拟组别 表7.1

算例编号	底地形	$d_1/L_s, d_0/L_s$	最大水深变化
算例1	平底	0.47,0.47	$\Delta d/d_0=0.000$
算例2	坡度1:25	0.38,0.47	$\Delta d/d_0=0.200$
算例3	坡度1:15	0.32,0.47	$\Delta d/d_0=0.333$
算例4	坡度1:10	0.25,0.47	$\Delta d/d_0=0.500$
算例5	坡度1:7.5	0.18, 0.47	$\Delta d/d_0=0.667$
算例6	坡度1:6.8	0.15,0.47	$\Delta d/d_0=0.733$
算例7	坡度1:6.5	0.14,0.47	$\Delta d/d_0=0.767$
算例8	坡度1:6.0	0.12,0.47	$\Delta d/d_0=0.833$
算例9	坡度1:5.6	0.08,0.47	$\Delta d/d_0=0.900$
算例10	曲线地形	0.38,0.47	$\Delta d/d_0=0.200$
算例11		0.32,0.47	$\Delta d/d_0=0.333$

续上表

算例编号	底地形	$d_1/L_s, d_0/L_s$	最大水深变化
算例 12	曲线地形	0.25,0.47	$\Delta d/d_0 = 0.500$
算例 13		0.18,0.47	$\Delta d/d_0 = 0.667$
算例 14		0.12,0.47	$\Delta d/d_0 = 0.833$
算例 15		0.10,0.47	$\Delta d/d_0 = 0.867$

7.2 地形对畸形波生成的影响

7.2.1 不同地形条件下畸形波模拟

1)平底和斜坡地形

采用相同的入射波条件(有效波高 $H_s = 5\text{cm}$,有效周期 $T_s = 1.4\text{s}$),数值模拟了9组波列(算例1~算例9)。无论平底地形(算例1)还是斜坡地形(算例2~算例9)均得到了满足严格定义的畸形波。不同坡度斜坡地形条件下,得到的畸形波参数汇总于表7.2。

平底及斜坡条件下模拟得到的畸形波的特征参数汇总　表7.2

算例编号	α_1	α_2	α_3	α_4
算例 1	2.687	2.125	9.583	0.701
算例 2	2.706	2.04	6.496	0.694
算例 3	2.731	2.01	4.791	0.682
算例 4	2.708	1.947	3.125	0.649
算例 5	2.705	2.18	3.623	0.653
算例 6	2.705	2.18	6.869	0.663
算例 7	2.731	2.065	3.904	0.662
算例 8	2.652	2.022	3.59	0.692
算例 9	2.466	2.044	3.054	0.719

2)抛物线地形

采用相同的入射波条件(有效波高 $H_s = 5\text{cm}$,有效周期 $T_s = 1.4\text{s}$),数值模拟了6组波列(算例10~算例15)。全部6组抛物线地形条件下,也均得到了满足严格定义的畸形波。不同高度抛物线地形条件下,得到的畸形波参数汇总于表7.3。

平底及抛物曲线地形条件下模拟得到的畸形波的特征参数汇总　　表 7.3

算例编号	α_1	α_2	α_3	α_4
算例 10	2.675	2.007	6.292	0.688
算例 11	2.732	2.065	3.576	0.648
算例 12	2.695	2.141	7.372	0.656
算例 13	2.739	2.019	3.707	0.679
算例 14	2.863	2.125	3.059	0.691
算例 15	2.607	2.052	3.015	0.725

两种非平底地形条件下的数值模拟结果表明，相同动力边界条件，在平底地形条件下畸形波生成位置附近设置坡度在 1:25 ~ 1:5.6 范围内的斜坡、$\Delta d/d_0$ 在 0.200 ~ 0.867 范围内的抛物线地形，畸形波仍然能生成。

7.2.2　地形对畸形波生成位置的影响

1）斜坡地形

为了探讨斜坡地形对畸形波生成位置的影响，图 7.4 给出了不同坡度斜坡地形条件下模拟畸形波生成位置与平底地形条件下模拟畸形波生成位置间距的无量纲值 $\Delta X/L_s$，正值表示相对于平底地形条件下模拟畸形波生成位置向下游方向移动，负值表示向上游方向移动，L_s 表示波列有效周期对应的波长，s 表示坡度。

从图 7.4 中可以看出：

当 $s \leqslant 1:10$ 时，斜坡地形的存在对畸形波生成位置的影响较小。斜坡地形条件下畸形波生成位置相对于平底地形条件向下游方向移动，移动距离小于 0.15 倍有效周期对应的波长。

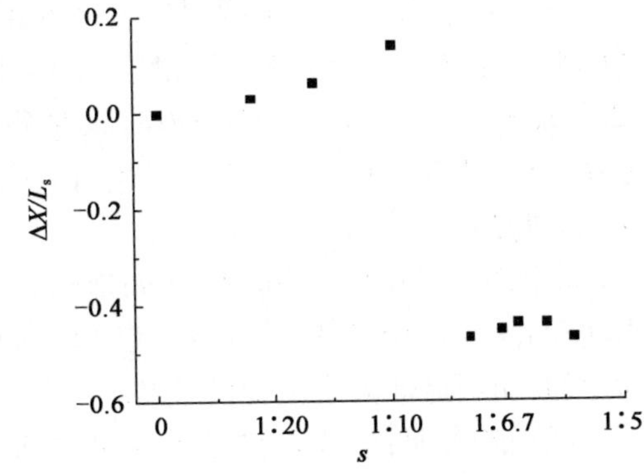

图 7.4　不同坡度斜坡地形条件下畸形波生成位置相对于平底地形的变化

当 $s > 1:10$ 时，斜坡地形的存在对畸形波生成位置的影响较大，畸形波生成位置向上游方向移动了 0.4 ~ 0.5 倍有效周期对应的波长。

2）抛物线地形

为了探讨抛物曲线地形对畸形波生成位置的影响，图 7.5 给出了平底和不同高度抛物曲线地形条件下，

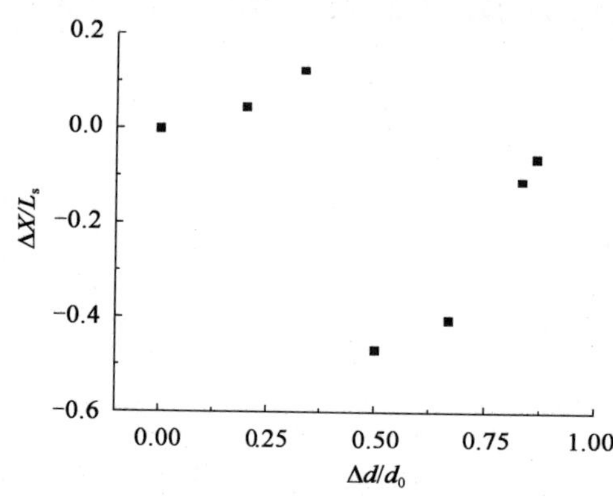

图 7.5 不同高度抛物曲线地形条件下畸形波生成位置相对于平底地形的变化

模拟畸形波生成位置与平底地形条件下模拟畸形波生成位置间距的无量纲值 $\Delta X/L_s$。

从图 7.5 中可以看出:

当 $\Delta d/d_0 \leqslant 0.333$ 时,抛物曲线地形的存在对畸形波生成位置的影响较小,抛物曲线地形条件下畸形波生成位置相对于平底地形条件向下游方向移动,移动距离小于 0.15 倍有效周期对应的波长。

当 $0.667 \geqslant \Delta d/d_0 \geqslant 0.5$ 时,抛物曲线地形的存在对畸形波生成位置的影响较大,畸形波生成位置向上游方向移动了 0.4 ~ 0.5 倍有效周期对应的波长。

当 $\Delta d/d_0 \geqslant 0.833$ 时,抛物曲线地形的存在对畸形波生成位置的影响较小,畸形波生成位置向上游方向移动了 0.1 倍左右的有效周期对应的波长。

由此可见,地形对组成波的反射作用会改变组成波的叠加相位,从而可以影响畸形波的生成位置。

7.3 地形对畸形波外部特征的影响

图 7.6 给出了平底及两组斜坡地形条件下($s=1:7.5$ 和 $s=1:6.0$)模拟得到的畸形波波面的比较示例。图 7.7 给出了平底及两组抛物曲线地形条件下($\Delta d/d_0=0.33$ 和 $\Delta d/d_0=0.867$)模拟得到的畸形波波面的比较示例。图中 η/H_s 为无量纲波面,$t^*=t-t_c$ 为相对时间,t_c 表示波峰发生时刻,t^*/T_p 为无量纲相对时间。

由图 7.6 和图 7.7 可见,不同地形条件下模拟的畸形波的波峰值、波谷值、周期和峰谷不对称程度等均有一定程度的变化。另外,随着抛物曲线地形高度的增加,畸形波波峰有变瘦的趋势。

此现象表明,当斜坡坡度、抛物曲线地形高度变化时,模拟畸形波的波面会有一定程度的变化。为此,接下来进一步考察地形特征变化对畸形波特征参数的影响。

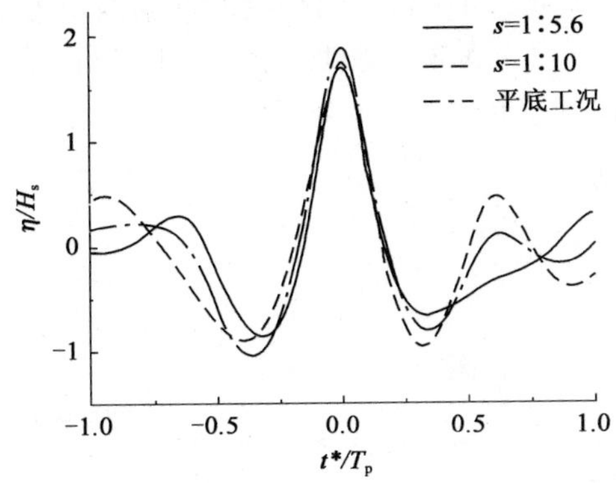

图 7.6 平底和斜坡地形条件下畸形波波面比较示例

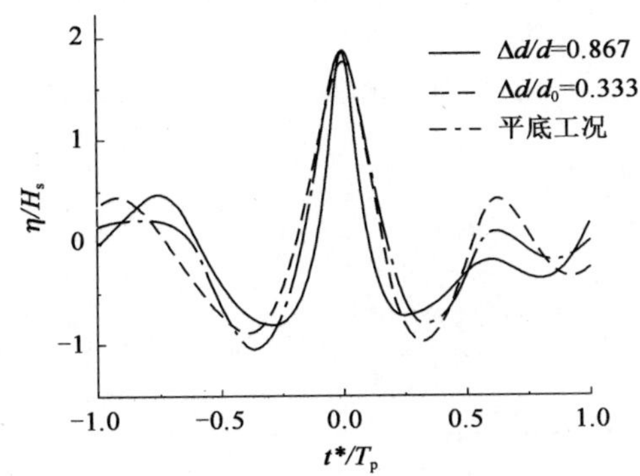

图 7.7 平底和抛物线地形条件下畸形波波面比较示例

7.3.1 地形对外部特征参数 α_1 的影响

1)斜坡地形

图 7.8 给出了平底及不同坡度斜坡条件下畸形波特征参数 α_1 随坡度的变化。从图 7.8 可以看出,地形坡度的变化对畸形波特征参数 α_1 的影响并不显著。地形坡度由 0(平底)变化到 1:5.6 时,特征参数 α_1 变化幅度仅为 0.2。完全平底地形条件下,设置不同的动力边界条件,模拟畸形波的 α_1 多在 2 ~ 4 之间变化,变化幅度可达为 2。故可以认为在模拟的坡度变化范围内畸形波的 α_1 无显著变化。

2)抛物曲线地形

图 7.9 给出了平底及不同高度抛物曲线地形条件下畸形波特征参数 α_1 随

$\Delta d/d_0$ 的变化。从图 7.9 可以看出,不同高度的抛物曲线地形条件下,畸形波特征参数 α_1 的变化幅度最大为 0.2,与斜坡地形条件相同。故可以认为在模拟的曲线高度变化范围内畸形波的 α_1 无显著变化。

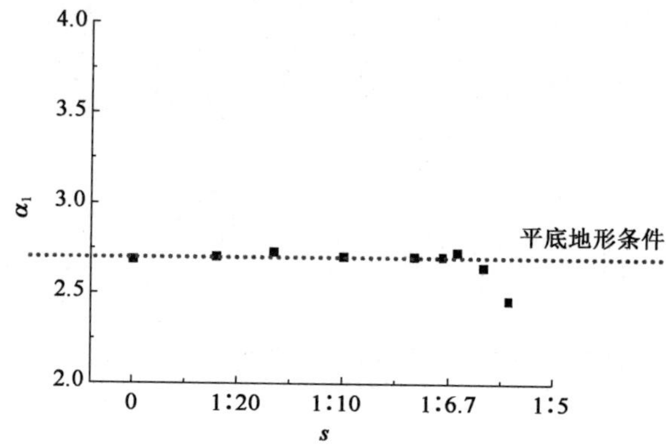

图 7.8　平底和斜坡地形条件下 α_1 随坡度的变化

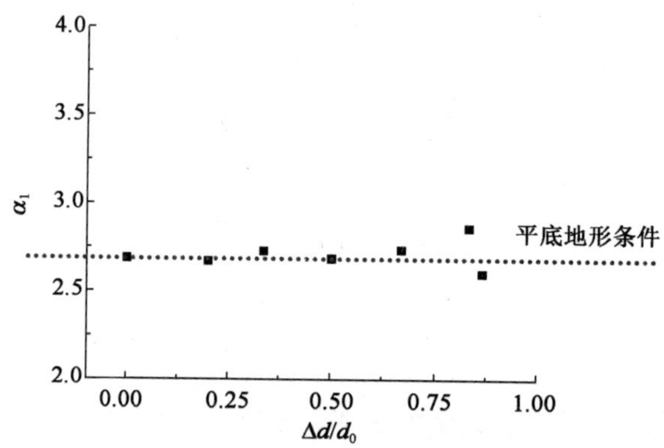

图 7.9　平底和抛物曲线地形条件下 α_1 随 $\Delta d/d_0$ 的变化

7.3.2　地形对外部特征参数 α_4 的影响

1)斜坡地形

图 7.10 给出了平底和斜坡地形条件下畸形波特征参数 α_4 随坡度的变化。从图 7.10 可以看出,地形坡度的增加对畸形波特征参数 α_4 的影响较为显著。地形坡度由 0(平底)变化到 1:5.6 时,特征参数 α_4 变化幅度为 0.05。完全平底地形条件下,设置不同的动力边界条件,模拟畸形波的 α_4 多在 0.65 ~0.77 之间变化,变化幅度为 0.12。故可以认为在模拟的坡度变化范围内畸形波的 α_4 有

显著的变化。

当 s 从 0 增长到 1∶10 时，特征参数 α_4 从 0.701 减小到 0.649；而当 s 从 1∶10 增长到 1∶5.6 时，特征参数 α_4 从 0.649 增长到 0.719。

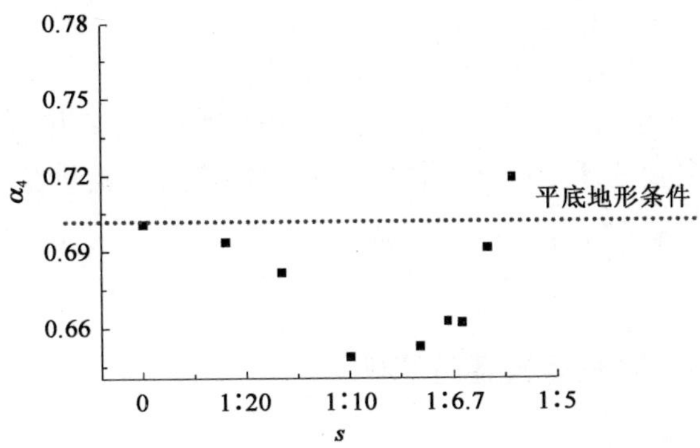

图 7.10　平底和斜坡地形条件下特征参数 α_4 随坡度的变化

2）抛物曲线地形

图 7.11 给出了平底及不同高度抛物曲线地形条件下畸形波特征参数 α_4 随 $\Delta d/d_0$ 的变化。从图 7.11 可以看出，不同高度的抛物曲线地形条件下，畸形波特征参数 α_4 的变化幅度最大为 0.05，与斜坡地形条件相同。故可以认为在模拟的曲线高度变化范围内畸形波的 α_4 有显著变化。

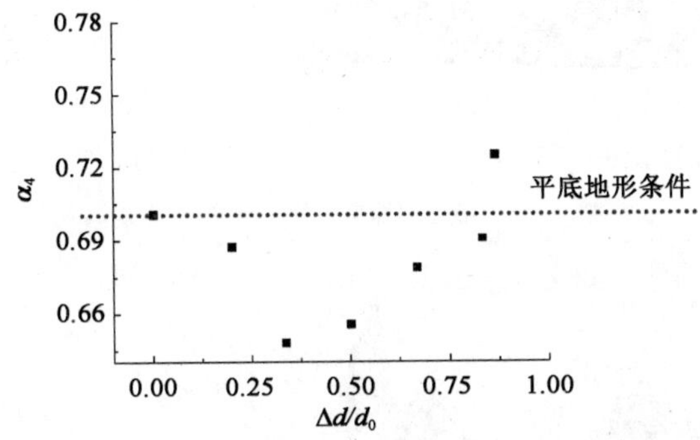

图 7.11　平底和曲线地形条件下特征参数 α_4 随 $\Delta d/d_0$ 的变化

当 $\Delta d/d_0$ 从 0 增长到 0.333 时，特征参数 α_4 从 0.701 减小到 0.648；而当 $\Delta d/d_0$ 从 0.333 增长到 0.867 时，特征参数 α_4 从 0.648 增长到 0.725。

斜坡和曲线地形的存在改变了组成波的叠加相位，从而影响了畸形波生成位置和波面特征。斜坡坡度、曲线地形高度的变化对畸形波特征参数 α_1 的影响不显著，对 α_4 的影响较为显著。

7.4 地形对畸形波内部结构的影响

如前所述，波浪内部结构包括水质点速度、加速度，波浪势能、动能、能流速率，波浪频域能量分布、波浪时频域能量分布等方面。在此，仅讨论畸形波的时频能量结构。主要考察地形变化对时频域能量谱、能量集中度参数 α_E、能量集中区分布范围参数 f^*_{min}、f^*_{max}、T^*_{min}、T^*_{max}（各个参数定义详见本书 5.2 节）的影响。

7.4.1 地形对时频能量谱的影响

1）斜坡地形

图 7.12 给出了平底地形（算例 1）及 8 组斜坡地形（算例 2 ~ 算例 9）条件下畸形波的时频能量谱。

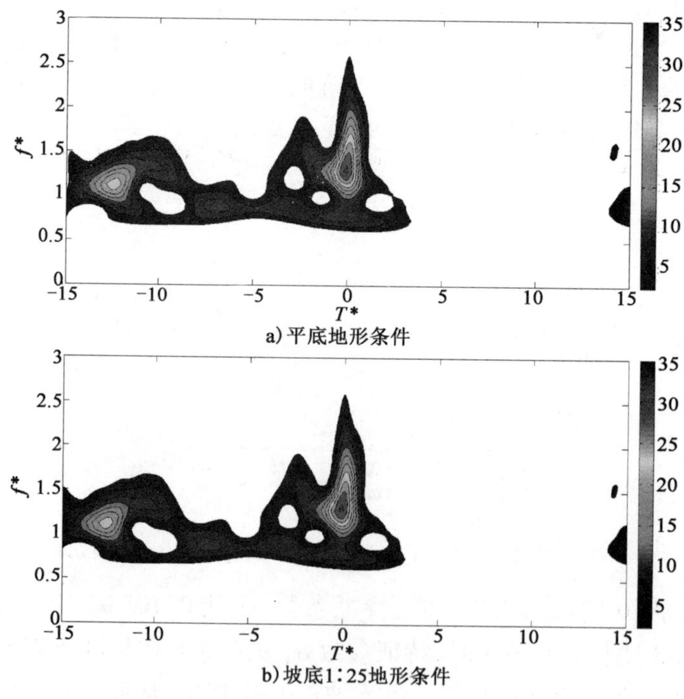

a）平底地形条件

b）坡底1∶25地形条件

图 7.12

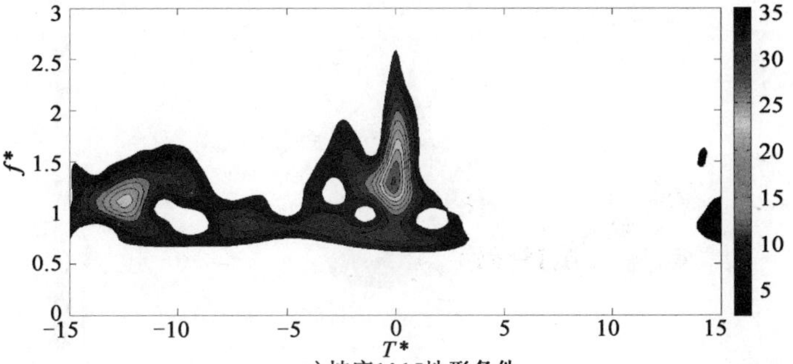

c) 坡底1∶15地形条件

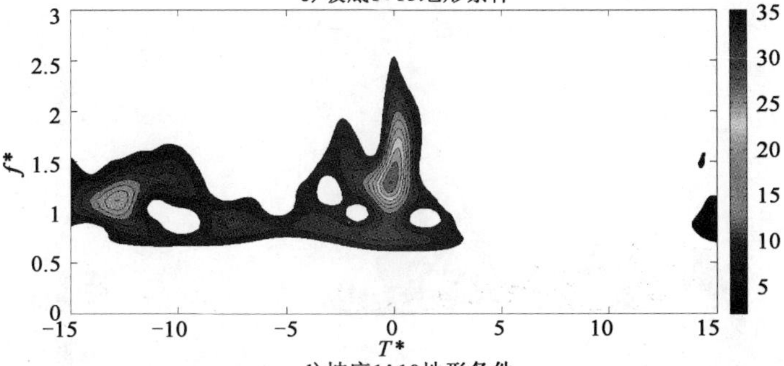

d) 坡底1∶10地形条件

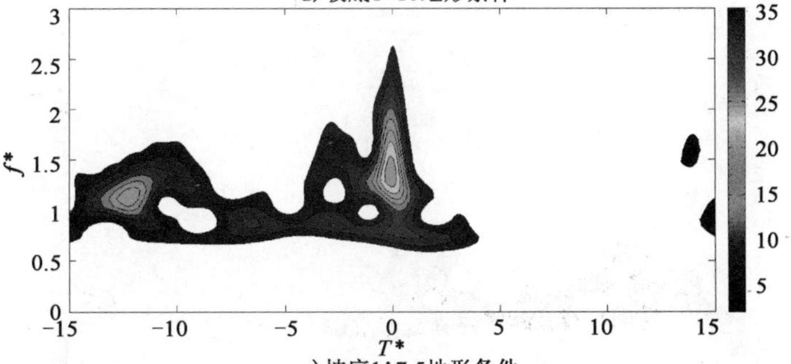

e) 坡底1∶7.5地形条件

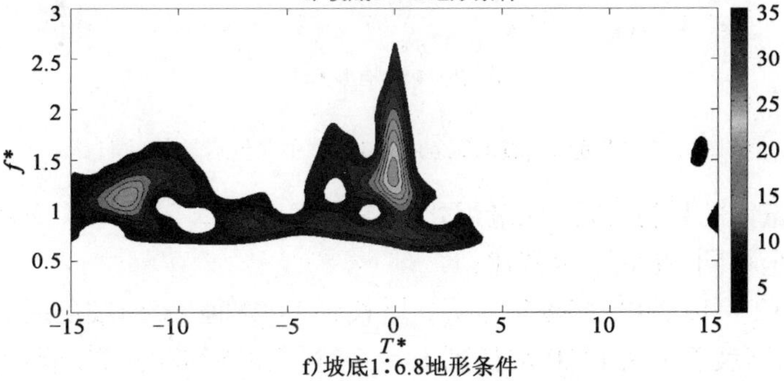

f) 坡底1∶6.8地形条件

图 7.12

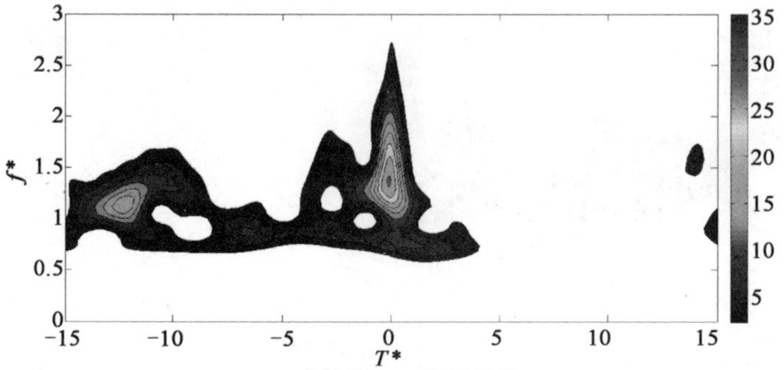

g)坡底1∶6.5地形条件

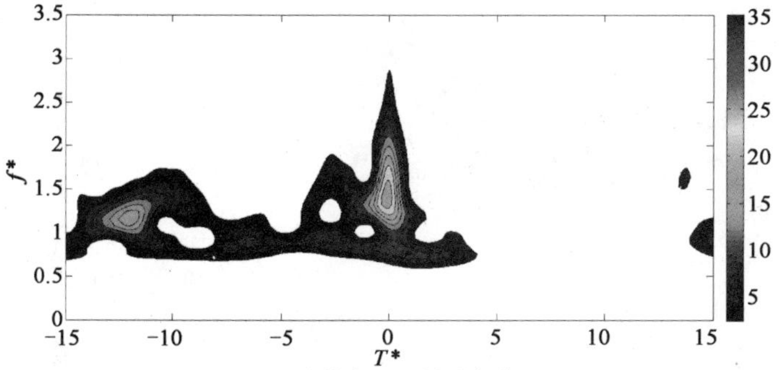

h)坡底1∶6.0地形条件

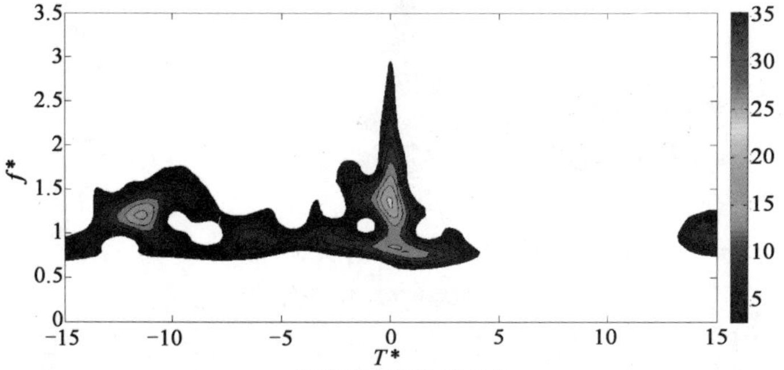

i)坡底1∶5.6地形条件

图7.12　平底和斜坡地形条件下畸形波的无量纲时频能量谱

时频能量谱的计算方法,无量纲化及图谱截断与5.2节中广义畸形波的时频能量谱完全相同,在此不再赘述。

从图7.12可以看出:当坡度 s 从0增长到1∶10时,畸形波的时频能量谱基本没有变化;当坡度 s 从1∶10增长到1∶5.6时,在畸形波的时频能量谱中,畸形波发生时刻附近,能量有向高频端移动的趋势;无量纲时频谱密度峰值由30~

35 之间降到 20 ~ 30 之间;能量在高频端的分布范围变大,在坡度为 1:5.6 的斜坡地形条件下,高频端能量分布范围可达 3 倍的谱峰频率(平底地形条件下,高频端能量分布范围为 2.5 倍的谱峰频率)。

2)抛物曲线地形

图 7.13 给出了平底地形(算例 1)及 6 组抛物曲线地形(算例 10 ~ 算例 15)条件下畸形波的时—频能量谱。

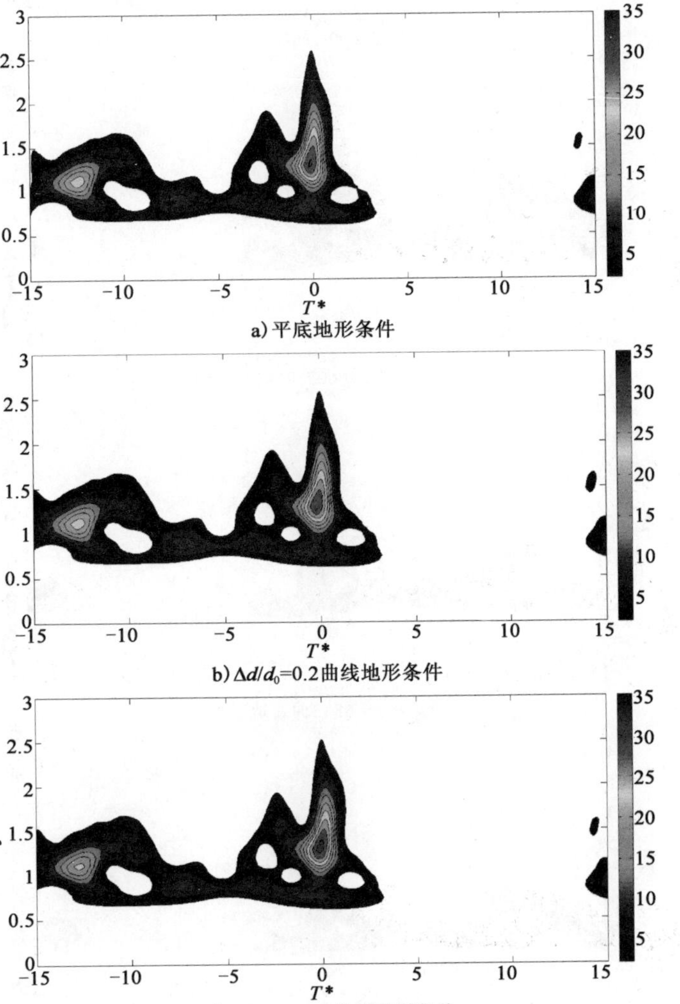

a)平底地形条件

b)$\Delta d/d_0$=0.2曲线地形条件

c)$\Delta d/d_0$=0.333曲线地形条件

图 7.13

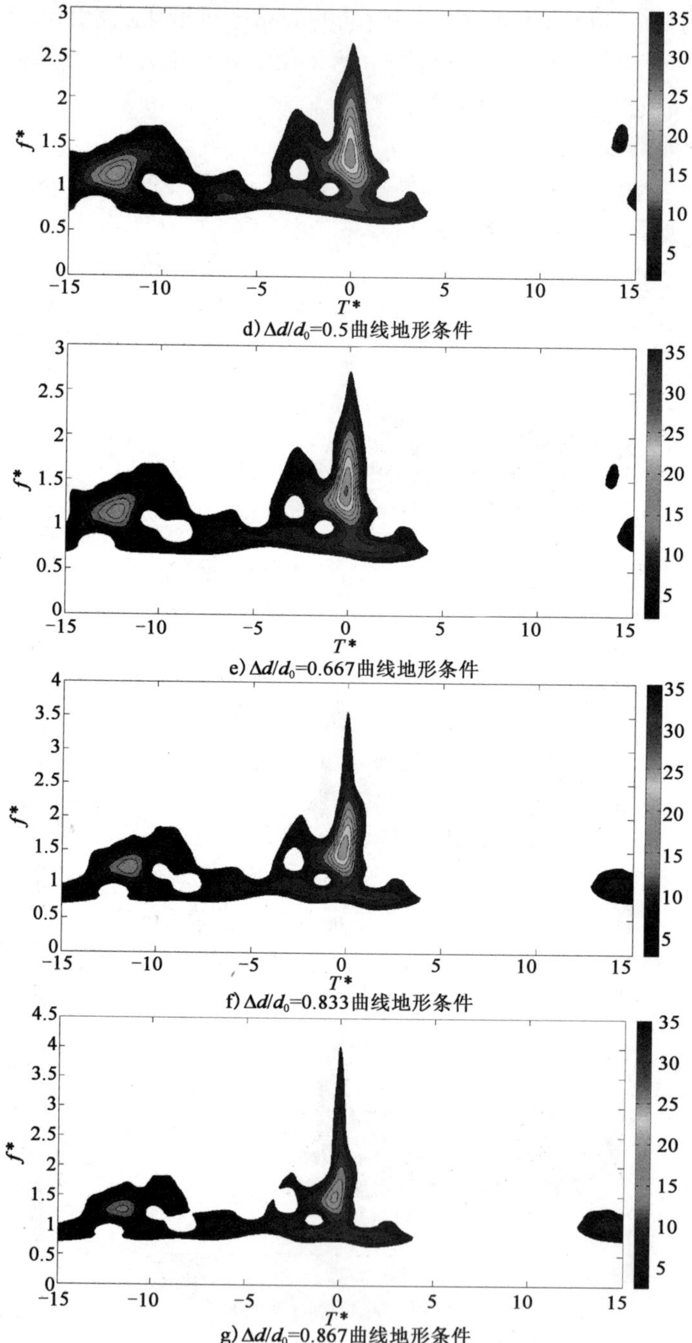

d) $\Delta d/d_0$=0.5曲线地形条件

e) $\Delta d/d_0$=0.667曲线地形条件

f) $\Delta d/d_0$=0.833曲线地形条件

g) $\Delta d/d_0$=0.867曲线地形条件

图 7.13　平底和曲线地形条件下畸形波的无量纲时频能量谱

从图 7.13 可以看出：当 $\Delta d/d_0$ 从 0 增长到 0.333 时，畸形波的时频能量谱基本没有变化；当 $\Delta d/d_0$ 从 0.333 增长到 0.867 时，在畸形波的时频能量谱中，畸形波发生时刻附近，能量有向高频端移动的趋势；无量纲时频谱密度峰值由 30 ~ 35 之间降到 20 ~ 30 之间；能量在高频端的分布范围变大，在 $\Delta d/d_0 = 0.867$ 的曲线地形条件下，高频端能量的分布范围可达 4 倍的谱峰频率（平底地形条件下，高频端能量分布范围为 2.5 倍的谱峰频率）。

由此可见，坡度 s 小于 1:10 的斜坡地形、无量纲水深变化 $\Delta d/d_0$ 小于 0.333 的曲线地形，对畸形波时频能量谱的影响不显著；而对于坡度大于 1:10 的斜坡地形、无量纲水深变化 $\Delta d/d_0$ 大于 0.333 的曲线地形，会影响到畸形波的时频能量谱。随着 s 和 $\Delta d/d_0$ 的增加，在畸形波时频能量谱中，畸形波发生时刻附近，能量向高频端移动，时频谱密度峰值减小，能量在高频端的分布范围变大。

7.4.2 地形对能量参数 α_E、f^*_{min}、f^*_{max}、T^*_{min} 及 T^*_{max} 的影响

1）斜坡地形

表 7.4 汇总给出了平底和斜坡地形条件下畸形波外部特征参数和能量集中度参数 α_E 及能量集中区分布范围参数 f^*_{min}、f^*_{max}、T^*_{min}、T^*_{max} 的计算结果。

平底和斜坡地形条件下畸形波外部特征参数和能量参数 表 7.4

算例编号	畸形波参数				集中度	频域分布范围	时域分布范围
	α_1	α_2	α_3	α_4	α_E	$f^*_{min} \sim f^*_{max}$	$T^*_{min} \sim T^*_{max}$
算例 1	2.687	2.125	9.583	0.701	12.12	1.08 ~ 1.88	-1.12 ~ 0.56
算例 2	2.706	2.04	6.496	0.694	12.27	1.08 ~ 1.88	-1.14 ~ 0.59
算例 3	2.731	2.01	4.791	0.682	12.16	1.08 ~ 1.88	-1.15 ~ 0.59
算例 4	2.708	1.947	3.125	0.649	12.06	1.08 ~ 1.88	-1.15 ~ 0.65
算例 5	2.705	2.18	3.623	0.653	11.70	1.08 ~ 1.88	-0.90 ~ 0.69
算例 6	2.705	2.18	6.869	0.663	11.75	1.08 ~ 1.88	-0.92 ~ 0.67
算例 7	2.731	2.065	3.904	0.662	12.31	1.08 ~ 1.88	-0.95 ~ 0.64
算例 8	2.652	2.022	3.59	0.692	11.88	1.12 ~ 1.95	-0.92 ~ 0.53
算例 9	2.466	2.044	3.054	0.719	10.73	1.12 ~ 1.70	-0.78 ~ 0.38

图 7.14 ~ 图 7.16 分别给出了平底和斜坡地形条件下畸形波的能量集中度参数 α_E 及能量集中分布范围参数 f^*_{min}、f^*_{max}、T^*_{min}、T^*_{max} 随斜坡坡度的变化。

从图 7.14 可以看出：坡度的变化对能量集中度参数 α_E 的影响不显著。由 7.3 节中的讨论可知，坡度的变化对 α_1 的影响也不显著。随着坡度的变化，能

量集中度参数 α_E 和畸形波特征参数 α_1 的变化情况一致。从一个侧面验证了，能量集中度参数 α_E 和畸形波特征参数 α_1 具有密切的相关性。

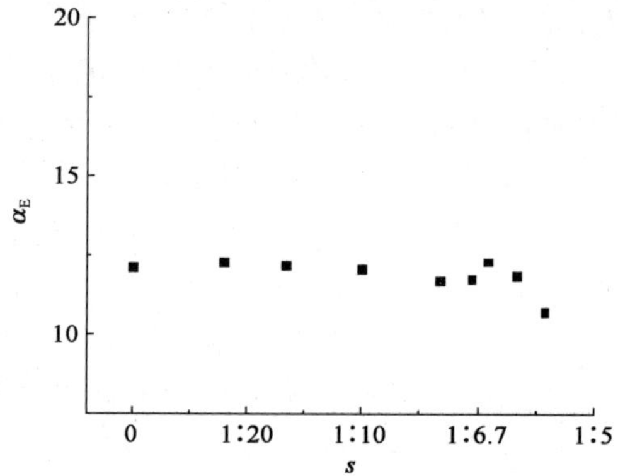

图 7.14　平底和斜坡地形条件下畸形波 α_E 随坡度的变化

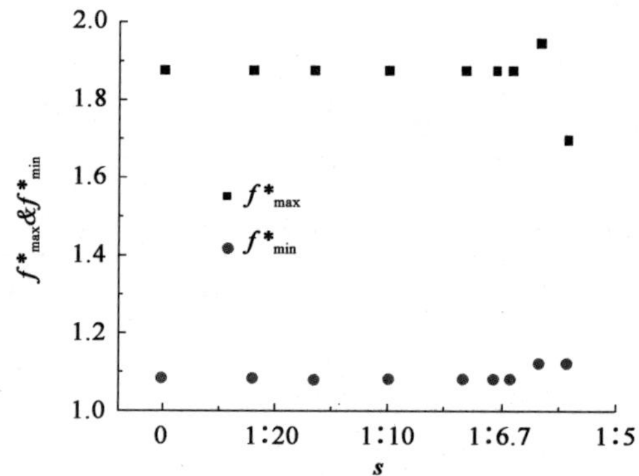

图 7.15　平底和斜坡地形条件下畸形波的 f^*_{min}、f^*_{max} 随坡度的变化

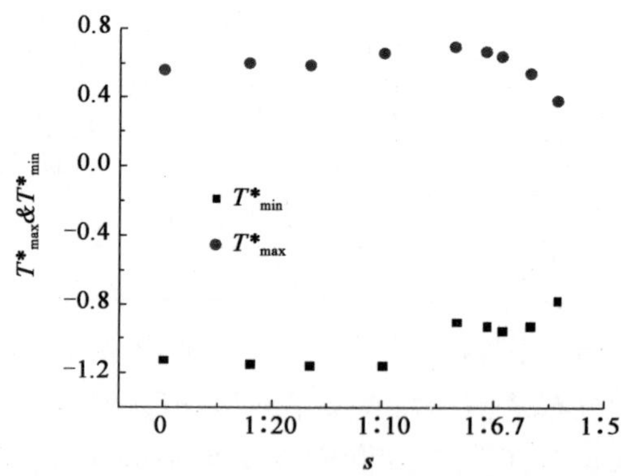

图 7.16　平底和斜坡地形条件下畸形波的 T^*_{min}、T^*_{max} 随坡度的变化

从图 7.15 中可以看出：除 $s=1:5.6$ 的算例以外，其余 8 组算例，随着斜坡地形坡度的增加，畸形波时频能量集中区在频域的分布范围基本不变；对于 $s=1:5.6$ 的算例，畸形波时频能量集中区在频域的分布范围与平底地形算例相比相差较大（f_{max}^* 从 1.88 变为 1.70，f_{min}^* 变化很小，$f_{max}^*-f_{min}^*$ 从 0.8 减小到 0.58），这是因为当 $s=1:5.6$ 时，畸形波发生时刻附近，大量的能量转移到高频端，使得能量集中区的能量减少，在频域的分布范围减小。

从图 7.16 中可以看出：当 $s\leqslant 1:10$ 时，随着斜坡地形坡度的增加，畸形波时频能量集中区在时域的分布范围基本不变；当 $s>1:10$ 时，随着斜坡地形坡度的增加，畸形波时频能量集中区在时域的分布范围逐渐变小，$T_{max}^*-T_{min}^*$ 从 1.8 减小到 0.94。这是因为随着斜坡地形坡度的增加，畸形波发生时刻附近，转移到高频端的能量逐渐增多，使得能量集中区的能量逐渐减少，在时域的分布范围逐渐减小。

综上所述，可得出以下结论：

(1) 斜坡地形对畸形波能量集中度参数 α_E 的影响不显著。

(2) 坡度较小的斜坡地形（坡度小于 1:10）对畸形波时频能量谱的影响不显著。

(3) 坡度较大的斜坡地形（坡度大于 1:10）对畸形波时频能量谱有影响。随着坡度的增加，畸形波时频能量谱中，畸形波发生时刻附近，转移到高频端的能量增多。

(4) 除坡度很大的算例（坡度 1:5.6）外，斜坡地形对畸形波时频能量集中区在频域的分布范围的影响不显著。

(5) 坡度较小的斜坡地形（坡度小于 1:10）对畸形波时频能量集中区在时域的分布范围的影响不显著。

(6) 坡度较大的斜坡地形（坡度大于 1:10）对畸形波时频能量集中区在时域的分布范围有影响，当坡度从 1:10 增加到 1:5.6 时，畸形波时频能量集中区在时域的分布范围 $T_{max}^*-T_{min}^*$ 从 1.8 减小到 0.94。

2) 抛物曲线地形

表 7.5 汇总给出了平底和抛物曲线地形条件下畸形波外部特征参数和能量集中度参数 α_E 及能量集中区分布范围参数 f_{min}^*、f_{max}^*、T_{min}^*、T_{max}^* 的计算结果。

图 7.17 ~ 图 7.19 分别给出了平底和曲线地形条件下畸形波的能量集中度参数 α_E 及能量集中区分布范围参数 f_{min}^*、f_{max}^*、T_{min}^*、T_{max}^* 随 $\Delta d/d_0$ 的变化。

平底和曲线地形条件下畸形波外部特征参数和能量参数 表7.5

算例编号	畸形波参数				集中度	频域分布范围	时域分布范围
	α_1	α_2	α_3	α_4	α_E	$f^*_{min} \sim f^*_{max}$	$T^*_{min} \sim T^*_{max}$
算例1	2.687	2.125	9.583	0.701	12.12	1.08 ~ 1.88	-1.12 ~ 0.56
算例10	2.675	2.007	6.292	0.688	12.05	1.08 ~ 1.88	-1.14 ~ 0.59
算例11	2.732	2.065	3.576	0.648	12.00	1.08 ~ 1.88	-1.13 ~ 0.66
算例12	2.695	2.141	7.372	0.656	11.78	1.08 ~ 1.88	-0.92 ~ 0.70
算例13	2.739	2.019	3.707	0.679	12.20	1.08 ~ 1.88	-0.97 ~ 0.47
算例14	2.863	2.125	3.059	0.691	13.15	1.21 ~ 2.10	-0.90 ~ 0.40
算例15	2.607	2.052	3.015	0.725	11.43	1.38 ~ 1.70	-0.61 ~ 0.13

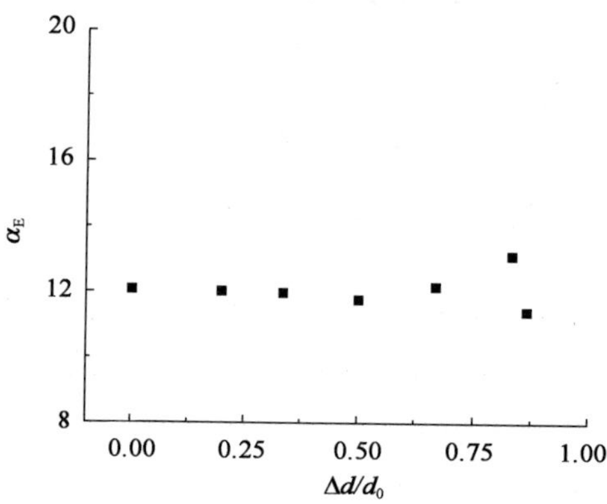

图7.17 平底和曲线地形条件下畸形波的 α_E 随 $\Delta d/d_0$ 的变化

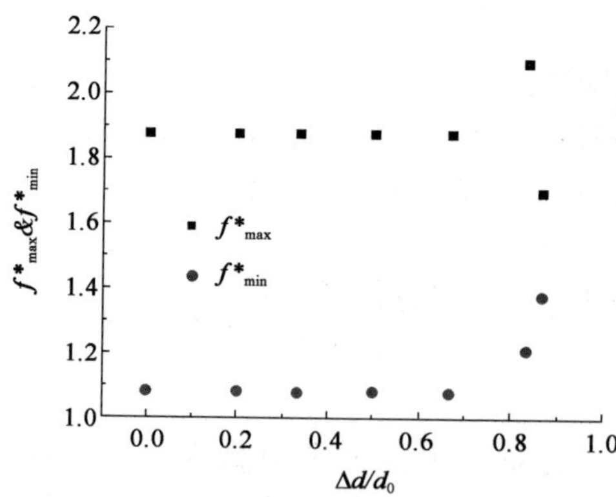

图7.18 平底和曲线地形条件下畸形波的 f^*_{min}、f^*_{max} 随 $\Delta d/d_0$ 的变化

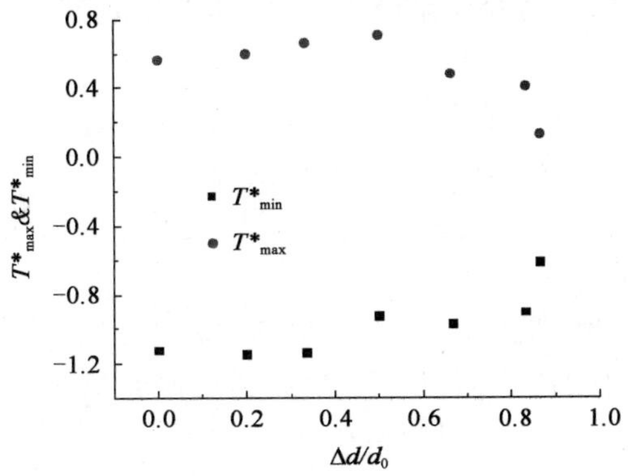

图 7.19　平底和曲线地形条件下畸形波的 T^*_{min}、T^*_{max} 随 $\Delta d/d_0$ 的变化

从图 7.17 中可以看出：随着 $\Delta d/d_0$ 的增加，能量集中度参数 α_E 变化很小，同斜坡地形条件下能量集中度参数 α_E 的变化情况一致。

从图 7.18 中可以看出：除 $\Delta d/d_0=0.833$ 和 $\Delta d/d_0=0.867$ 的算例以外，其余 5 组算例，随着 $\Delta d/d_0$ 的增加，畸形波时频能量集中区在频域的分布范围基本不变；$\Delta d/d_0=0.833$ 的算例（$f^*_{max}=2.10$，$f^*_{min}=1.21$，$f^*_{max}-f^*_{min}=0.89$）与平底地形算例（$f^*_{max}=1.88$，$f^*_{min}=1.08$，$f^*_{max}-f^*_{min}=0.8$）相比，能量集中区向高频端移动，但能量集中区在频域的分布范围变化很小；$\Delta d/d_0=0.867$ 的算例（$f^*_{max}=1.70$，$f^*_{min}=1.38$，$f^*_{max}-f^*_{min}=0.32$）与平底地形算例（$f^*_{max}=1.88$，$f^*_{min}=1.08$，$f^*_{max}-f^*_{min}=0.8$）相比，能量集中区在频域的分布范围显著减小。这是因为当 $\Delta d/d_0=0.867$ 时，畸形波发生时刻附近，大量的能量转移到高频端，使得能量集中区的能量减少，在频域的分布范围减小。

从图 7.19 中可以看出：当 $\Delta d/d_0\leqslant 0.333$ 时，随着 $\Delta d/d_0$ 的增加，畸形波时频能量集中区在时域的分布范围基本不变；当 $\Delta d/d_0\geqslant 0.333$ 时，随着 $\Delta d/d_0$ 的增加，畸形波时频能量集中区在时域的分布范围逐渐变小，$T^*_{max}-T^*_{min}$ 从 1.79 减小到 0.74。这是因为随着 $\Delta d/d_0$ 的增加，畸形波发生时刻附近，转移到高频端的能量逐渐增多，使得能量集中区的能量逐渐减少，在时域的分布范围逐渐减小。

综上所述，可得出以下结论：

(1) 曲线地形对畸形波能量集中度参数 α_E 的影响不显著。

(2) 高度较小的曲线地形（$\Delta d/d_0\leqslant 0.333$）对畸形波时频能量谱的影响不显著。

(3) 高度较大的曲线地形（$\Delta d/d_0\geqslant 0.333$）对畸形波时频能量谱有影响，随

着 $\Delta d/d_0$ 的增加，畸形波时频能量谱中，畸形波发生时刻附近，转移到高频端的能量增多。

(4)除高度很大的曲线地形算例外($\Delta d/d_0 = 0.867$)，曲线地形对畸形波时频能量集中区在频域的分布范围的影响不显著。

(5)高度较小的曲线地形($\Delta d/d_0 \leqslant 0.333$)对畸形波时频能量集中区在时域的分布范围的影响不显著。

(6)高度较大的曲线地形($\Delta d/d_0 \geqslant 0.333$)对畸形波时频能量集中区在时域的分布范围有影响，当 $\Delta d/d_0$ 从 0.333 增加到 0.867，畸形波时频能量集中区在时域的分布范围 $T^*_{max} - T^*_{min}$ 从 1.79 减小到 0.74。

7.4.3 地形对畸形波高频能量的影响

从 7.4.1 中的讨论可知，斜坡坡度、曲线地形高度的增加，会使得畸形波所包含的高频能量有不同程度的增加。本节重点分析不同地形条件下，随着斜坡坡度、曲线地形高度的变化，2 倍谱峰频率以上频率成分能量的变化规律。

1)斜坡地形

为了定量分析斜坡地形坡度变化对畸形波 2 倍谱峰频率以上频率成分能量的影响，基于平底和斜坡地形条件下畸形波时频能量谱的计算结果，计算 9 组畸形波周期时段内(畸形波周期采用上跨零点法统计)2 倍谱峰频率以上频率成分能量和(记为 E_h)及各频率成分总能量(记为 E_t)。

表 7.6 汇总给出了平底和斜坡地形条件下畸形波能量参数 E_h/E_t 和 E_t 的计算结果。$E_h/E_{t(j)}$ 表示算例 j 的 E_h/E_t 值，同理 $E_{t(j)}$ 表示算例 j 的 E_t 值。

平底和斜坡地形条件下畸形波能量参数 E_h/E_t 和 E_t 的汇总 表 7.6

算例编号	E_h/E_t	$E_h/E_{t(j)}/E_h/E_{t(1)}$	E_t	$E_{t(j)}/E_{t(1)}$
算例 1	11.10%	1.0	27.81	1.0
算例 2	10.82%	1.0	28.24	1.0
算例 3	10.71%	1.0	28.37	1.0
算例 4	10.10%	0.9	27.98	1.0
算例 5	11.05%	1.0	29.05	1.0
算例 6	11.38%	1.0	28.85	1.0
算例 7	12.07%	1.1	30.71	1.1
算例 8	12.81%	1.2	30.72	1.1
算例 9	15.12%	1.4	26.49	1.0

图 7.20 给出了能量参数 E_h/E_t 随坡度的变化关系。

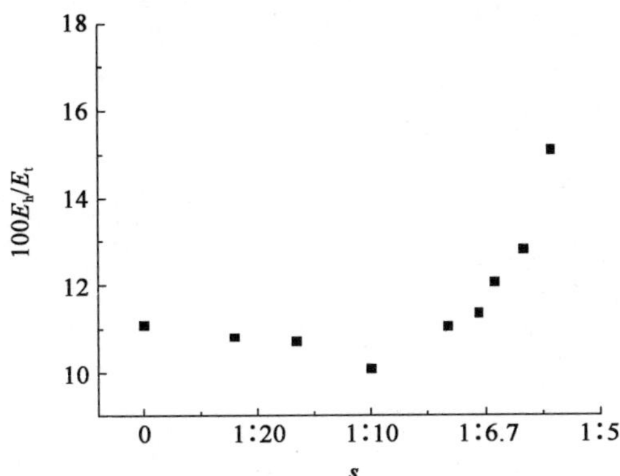

图 7.20　平底和斜坡地形条件下畸形波的 E_h/E_t 随 s 的变化

由图 7.20 和表 7.6 可见：对于畸形波周期时段内各频率成分总能量 E_t，当坡度 s 从 0 增长到 1:5.6 时，变化幅度不显著（≤10%）；对于畸形波周期时段内 2 倍谱峰频率以上频率成分能量和占总能量的比例 E_h/E_t，当坡度 s 从 0 增长到 1:6.5 时，变化幅度也不显著（≤10%），当坡度 $s \geq 1:6.0$ 时，变化幅度有一定程度的增长，在 20% ~40% 之间。

2）曲线地形

为了定量分析曲线地形高度变化对畸形波 2 倍谱峰频率以上频率成分能量和的影响，基于平底和曲线地形条件下畸形波时频能量谱的计算结果，计算 7 组畸形波周期时段内 2 倍谱峰频率以上频率成分能量和 E_h 及各频率成分总能量 E_t。

表 7.7 汇总给出了平底和曲线地形条件下畸形波能量参数 E_h/E_t 和 E_t 的计算结果。

平底和曲线地形条件下畸形波能量参数 E_h/E_t 和 E_t 的汇总　　表 7.7

算例编号	E_h/E_t	$E_h/E_{t(j)}/E_h/E_{t(1)}$	E_t	$E_{t(j)}/E_{t(1)}$
算例 1	11.10%	1.0	27.81	1.0
算例 10	10.90%	1.0	27.49	1.0
算例 11	9.38%	0.9	28.32	1.0
算例 12	10.92%	1.0	29.22	1.1
算例 13	12.25%	1.1	33.27	1.2
算例 14	21.44%	1.9	34.32	1.2
算例 15	34.00%	3.1	26.83	1.0

图 7.21 中给出了能量参数 E_h/E_t 随 $\Delta d/d_0$ 的变化关系。

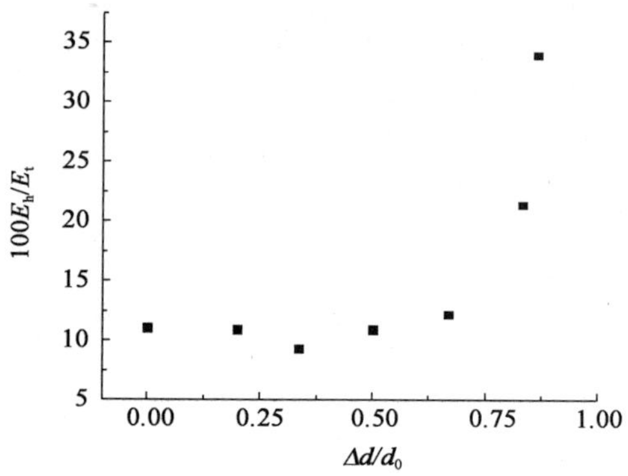

图 7.21　平底和曲线地形条件下畸形波 E_h/E_t 随 $\Delta d/d_0$ 的变化

由图 7.21 和表 7.7 可见：对于畸形波周期时段内各频率成分总能量 E_t，当 $\Delta d/d_0$ 从 0 增长到 0.867 时，变化幅度≤20%；对于畸形波周期时段内 2 倍谱峰频率以上频率成分能量和占总能量的比例 E_h/E_t，当 $\Delta d/d_0$ 从 0 增长到 0.667 时，变化幅度≤10%，当 $\Delta d/d_0 \geq 0.833$ 时，变化幅度增长明显，在 90% ~310%之间。

对比可知：当斜坡地形条件下 $s \leq 1:6.5$、曲线地形条件下 $\Delta d/d_0 \leq 0.667$ 时，地形变化对 E_h/E_t 的影响不显著（相对于平底地形条件 E_h/E_t 值的变化幅度≤10%）；当斜坡地形条件下 $s \geq 1:6.0$、曲线地形条件下 $\Delta d/d_0 \geq 0.833$ 时，地形变化对 E_h/E_t 的影响有所增加（相对于平底地形条件 E_h/E_t 值的变化幅度在 20% ~310%之间），曲线地形条件下 $\Delta d/d_0$ 对 E_h/E_t 的影响（相对于平底地形条件 E_h/E_t 值的变化幅度在 90% ~310%之间）远远大于斜坡地形条件下 s 对 E_h/E_t 的影响（相对于平底地形条件 E_h/E_t 值的变化幅度在 20% ~40%之间）。

7.5 本章小结

本章在斜坡和曲线地形条件下对畸形波进行了数值模拟。通过对比平底地形、不同坡度斜坡地形和不同高度曲线地形条件下模拟畸形波的外部特征和内部能量结构，得到如下结论：

(1)斜坡和曲线地形的存在改变了组成波的叠加相位，从而影响了畸形波生成位置和波面特征。斜坡坡度、曲线地形高度的变化对畸形波特征参数 α_1 的影响不显著，对畸形波特征参数 α_4 的影响较为显著。

(2)坡度 s 小于 1:10 的斜坡地形、无量纲水深变化 $\Delta d/d_0$ 小于 0.333 的曲线地形,对畸形波时频能量谱的影响不显著;对于坡度大于 1:10 的斜坡地形、无量纲水深变化 $\Delta d/d_0$ 大于 0.333 的曲线地形,会影响到畸形波的时频能量谱。随着 s、$\Delta d/d_0$ 的增加,畸形波时频能量谱中,畸形波发生时刻附近,能量向高频端移动,时频谱密度峰值减小,能量在高频端的分布范围变大。

(3)斜坡和曲线地形的存在对于畸形波能量集中度参数 α_E 的影响不显著。

(4)除坡度很大的斜坡地形算例(坡度 1:5.6)和高度很大的曲线地形算例($\Delta d/d_0=0.867$)外,地形对畸形波时频能量集中区在频域的分布范围的影响不显著。

(5)坡度较小的斜坡地形($s\leqslant 1:10$)和高度较小的曲线地形($\Delta d/d_0\leqslant 0.333$)对畸形波时频能量集中区在时域的分布范围的影响不显著;坡度较大的斜坡地形($s\geqslant 1:10$)和高度较大的曲线地形($\Delta d/d_0\geqslant 0.333$)会影响到畸形波时频能量集中区在时域的分布范围。对于斜坡地形,当坡度从 1:10 增加到 1:5.6 时,畸形波时频能量集中区在时域的分布范围 $T^*_{max}-T^*_{min}$ 从 1.8 减小到 0.94;对于曲线地形,当 $\Delta d/d_0$ 从 0.333 增加到 0.867 时,畸形波时频能量集中区在时域的分布范围 $T^*_{max}-T^*_{min}$ 从 1.79 减小到 0.74。

(6)当斜坡地形条件下 $s\leqslant 1:6.5$、曲线地形条件下 $\Delta d/d_0\leqslant 0.667$ 时,地形变化对 E_h/E_t 的影响不显著(相对于平底地形条件 E_h/E_t 值的变化幅度≤10%);当斜坡地形条件下 $s\geqslant 1:6.0$、曲线地形条件下 $\Delta d/d_0\geqslant 0.833$ 时,地形变化对 E_h/E_t 的影响有所增加(相对于平底地形条件 E_h/E_t 值的变化幅度在 20% ~ 310% 之间),曲线地形条件下 $\Delta d/d_0$ 对 E_h/E_t 的影响(相对于平底地形条件 E_h/E_t 值的变化幅度在 90% ~310% 之间)远远大于斜坡地形条件下 s 对 E_h/E_t 的影响(相对于平底地形条件 E_h/E_t 值的变化幅度在 20% ~40% 之间)。

8 结　论

本书采用物理试验和数值模拟相结合的方法,对畸形波的生成、演化、波面传播速度及内部结构等问题开展了研究;讨论了地形变化对畸形波的生成及内部结构的影响;探讨了畸形波内、外部结构间的联系。主要得到以下结论:

(1)通过有限差分方法求解 Reynolds 时均 N-S(Navier-Stokes)方程,结合流体体积方法(VOF)追踪自由表面,建立数值模型。通过将数值模拟结果与物理模型试验结果、实测资料进行对比,证明了本书建立的数值模型可以比较准确地复演天然畸形波,数值实现畸形波定点、定时生成。为研究畸形波的生成、演化过程及内部结构等问题提供了有效工具。

(2)畸形波的生成、演化过程可归纳为:连续大波(大波群)→深谷→准畸形波→畸形波→准畸形波→深谷→连续大波。该过程持续的时间长度为 5 ~ 15 倍的有效周期,空间范围为 3 ~ 7 倍的有效波长,表明畸形波的时—空寿命较短。在畸形波形成前、后均发生不完全满足严格畸形波定义的大峰波(满足 $\alpha_1 > 2$)和深谷,证明了畸形波与深谷的伴生性。该过程中,最大波浪并不是一直以自由水面形态向前传播,会发生大波群与深谷相互转化、深谷与畸形波相互转化,相邻的波浪间,能量和波面传播速度不同步使最大波发生“突变”。

(3)对畸形波波面传播速度的研究表明,广义波陡 ε^* 在 0.03 ~ 0.4 范围内,畸形波波面传播速度可采用下述半经验、半理论公式计算:

$$C_0 = \frac{gT_0}{2\pi}\tanh k_0 d + (1.5\varepsilon^* - 0.47)\frac{gT_0}{2\pi}\tanh k_0 d$$

畸形波有别于传统意义上的行进波。当 ε^* 在 0.03 ~ 0.31 范围内时,畸形波的波面传播速度小于线性波的波面传播速度;当 ε^* 在 0.03 ~ 0.4 范围内时,其小于 3 阶 Stokes 波的波面传播速度。

(4)对于畸形波生成、演化过程中出现的特征大波而言,畸形波的瞬时能量集中度最高,即 α_E 最大,准畸形波的 α_E 为畸形波的 65% ~ 100%;深谷和连续大波的 α_E 相对较小,但仍可达到畸形波的 44% ~ 96%。畸形波生成、演化过程中出现的特征大波的 α_E 值都明显大于常规不规则波列中的较大波浪。研究认为定义满足 $\alpha_E \geqslant 6$ 的大波浪为“广义畸形波”是恰当的。采用该“广义畸形波”

定义,对应的外部特征参数条件为满足 $\alpha_1 \geq 2$。

(5)对畸形波内部结构参数分析得到如下认识:

①广义畸形波水质点速度、加速度的最大值均发生在自由表面附近。波峰(波谷)两侧速度场、加速度场的分布均不对称,与规则波有明显的区别。尽管广义畸形波的波高很大,但其远未达到波浪的运动学、动力学破碎指标。

②广义畸形波波峰值越大,水质点水平速度越大。相同波峰高度和周期条件下,在波峰位置,畸形波水质点水平速度大于五阶 Stokes 波(约 1.13 倍);静水面附近,两者大体相当;静水面以下,畸形波水质点水平速度小于五阶 Stokes 波,且越接近水底,两者相差越多。畸形波水质点水平速度沿水深变化比五阶 Stokes 波快。

③有限的计算结果显示,畸形波内部结构参量与畸形波波峰陡度 η_c/L_p 的关系较与 α_1、α_4 的关系更为密切,由于计算组别有限,对这一现象及关于畸形波的内部结构与外部特征的关系更深层的分析,还有待于进一步的工作。

(6)斜坡和曲线地形的存在对于畸形波外部特征参数的影响未表现出显著的规律。但当斜坡坡度(或抛物曲线地形高度)连续变化时,α_4 存在一个谷值。斜坡和曲线地形的存在对于畸形波内部结构的影响主要表现在:当地形变化显著时,可使得畸形波时频能量集中区在时域的分布范围减小,同时显著增加时频能量的高频成分。但对能量集中度 α_E 和时频能量集中区在频域分布范围的影响不显著。

参考文献

[1] DRAPER L. Freak wave [J]. Marine Observer, 1965, 35: 193-195.

[2] KHARIF C., PELINOVSKY E. Physical mechanisms of the rogue wave phenomenon [J]. European Journal of Mechanics B/Fluids, 2003, 22: 603-634.

[3] LAWTON G. Monsters of the deep (The perfect wave) [J]. New Scientist, 2001, 170 (2297): 28-32.

[4] DIDENKULOVA I. I., SLUNYAEV A. V., PELINOVSKY E. N., et al. Freak waves in 2005 [J]. Natural Hazards and Earth System Sciences, 2006, 6: 1007-1015.

[5] Nikolkina I., Didenkulova I.. Rogue waves in 2006-2010 [J]. Natural Hazards and Earth System Sciences, 2011, 11, 2913-2924.

[6] SOARES C. G., CHERNEVA Z., ANTÃO E. M. Abnormal waves during Hurricane Camille [J]. Journal of Geophysical Research, 2004, 109, C08008, doi:10.1029 / 2003JC002244.

[7] AKHMEDIEV N., ANKIEWICZ A., TAKI M. Waves that appear from nowhere and disappear without a trace [J]. Physics Letters A, 2009, 373: 675-678.

[8] LAVRENOV I. V., PORUBOV A. V. Three reasons for freak wave generation in the non-uniform current [J]. European Journal of Mechanics B/Fluids, 2006, 25: 574-585.

[9] KLINTING P., SAND S. Analysis of prototype freak waves [C]. Coastal Hydrodynamic, ASCE, 1987: 618-632.

[10] STANSELL P. Distributions of freak wave heights measured in the North Sea [J]. Applied Ocean Research, 2004, 26: 35-48.

[11] STANSELL P. Distributions of extreme wave, crest and trough heights measured in the North Sea [J]. Ocean Engineering, 2005, 32: 1015-1036.

[12] SCHOBER C. M. Melnikov analysis and inverse spectral analysis of rogue waves in deep water [J]. European Journal of Mechanics B/Fluids, 2006, 25: 602-620.

[13] ONORATO M., OSBORNE A. R., SERIO M., et al. Freak waves in random oceanic sea states [J]. Physical Review Letters, 2001, 86(25): 5831-5834.

[14] LOPATOUKHIN, L. J., BOUKHANOVSKY A. V. Freak wave generation and their probability [J]. International Shipbuilding Progress, 2004, 51: 157-171.

[15] ANDONOWATI, KARJANTO N., GROESEN E. V. Extreme wave phenomena in down-stream running modulated waves [J]. Applied Mathematical Modelling, 2007, 31: 1425-1443.

[16] FAN Y., TIAN L. X. the Quasi-rogue wave solution on the Camassa-Holm equation [J]. International Journal of Nonlinear Science, 2011, 11(3): 1749-3889.

[17] MORI N. Occurrence probability of a freak wave in a nonlinear wave field [J]. Ocean Engineering, 2004, 31: 165-175.

[18] MÜLLER P., GARRETT C., OSBORNE. A. Rogue waves [J]. Oceanography Society, 2005, 18(3): 66-75.

[19] WARWIEK R. W. Hurricane Luis, the Queen Elizabeth 2 and a rogue wave [J]. Marine Observer, 1996, 66: 134.

[20] LECHUGA A. Were freak waves involved in the sinking of the Tanker "Prestige"? [J]. Natural Hazards and Earth System Sciences, 2006, 6: 973-978.

[21] PUGH K. Coast Guard Capsize [EB/OL]. http://madmariner. com/seamanship/weather/story/COAST_GUARD_CAPSIZE_MORRO_BAY_122007_SW.

[22] IOL. Three shark-diving tourists die [EB/OL]. http://www. iol. co. za/news/ south-africa/three-shark-diving-tourists-die-1. 396411.

[23] COOPER C. Rogue waves in sea and land disasters [EB/OL]. http:// www. brighthub. com/engineering/marine/articles/27980. aspx.

[24] FOXNEWS. Giant rogue wave slams into ship off French coast, killing 2 [EB/OL]. http:// www. foxnews. com/story/0, 2933, 587885, 00. html.

[25] LIU P. C., MORI N. Wavelet spectrum of freak waves in the ocean [C]. Proceedings, 27th International conference on Coastal Engineering, ASCE, 2000: 1092-1098.

[26] MORI N., LIU P. C., YASUDA T. Analysis of freak wave measurements in the Sea of Japan [J]. Ocean Engineering, 2002, 29: 1399-1414.

[27] HAVER S. A Possible Freak Wave Event Measured at the Draupner Jacket January 1 1995 [C]. Rogue waves Workshop, Brest, France, 2004.

[28] SKOURUP J., HANSEN N. E. O., ANDREASEN K. K. Non-Gaussian ex-

treme waves in the central North sea [J]. Journal of Offshore Mechanics and Arctic Engineering, 1997, 119(3): 146-150.

[29] WOLFRAM J., LINFOOT B., VENUGOPAL V. Some results from the analysis of metocean data collected during storms in the Northern North Sea [J]. Underwater Technology, 2001, 24(4): 153-164.

[30] CHIEN H., KAO C. C. On the characteristics of observed coastal freak waves [J]. Coastal Engineering Journal, 2002, 44(4): 301-319.

[31] LIU P. C., PINHO U. F. Freak waves-more frequent than rare [J]. Annales Geophysicae, 2004, 22: 1839-1842.

[32] LEHNER S., STELLENFLETH J. S., NIEDERMEIER A., et al. Extreme waves observed by synthetic aperture radar [C]. Ocean Wave Measurement and Analysis Proceedings of the Fourth International Symposium, ASCE, 2001, 1: 125-134.

[33] PELINOVSKY E., SLUNYAEV A., LOPATOUKHIN L., et al. Freak wave event in the Black Sea: observation and modeling [J]. Dokl Earth Sci, 2004, 395A: 438-443.

[34] MELVILLE W. K., ROMERO L., KLEISS J. M. Extreme wave events in the Gulf of Tehuantepec [C]. Proceedings of Hawaiian Winter Workshop, 2005, Hawaii.

[35] WHITE B. S., FORNBERG B. On the chance of freak waves at sea [J]. Journal of Fluid Mechanics, 1998, 355: 113-138.

[36] THIEKE R. J., DEAN R. G., GARCIA A. W. The Daytona Beach "Large Wave" event of July 3, 1992 [C]. Proceedings 2nd International Symposium on Ocean Wave Measurement and Analysis, ASCE, 1994: 45-60.

[37] LIU P. C., MACHUTCHON K. R., WU C. H. Exploring rogue waves from observations in South Indian Ocean [C]. Rogue wave, 2004, Brest, France.

[38] DONELAN M. A., MAGNUSSON A. K. The role of meteorological focusing in generating rogue wave conditions [C]. Proceedings of the 14th 'Aha Huliko' a Winter Workshop 2005 on Rogue Waves, USA Oceanography, 2005.

[39] TOUBOUL J., GIOVANANGELI J. P., KHARIF C., et al. Freak waves under the action of wind: experiments and simulations [J]. European Journal of Mechanics B/Fluids, 2006, 25: 662-676.

[40] GIOVANANGELI J. P., KHARIF C., TOUBOUL J. On the role of the Jeff-

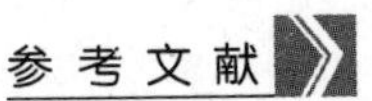

reys′ sheltering mechanism in sustaining extreme water waves [J]. Comptes Rendus Mecanique, 2006, 334: 568-573.

[41] MA Q. W., YAN S. Preliminary Simulation of Wind Effects on 3D Freak Wave [C]. Rogue Waves Workshop, 2008, Brest, France.

[42] BIAUSSER B., GRILLI S. T., FRAUNIE P. Numerical analysis of the internal kinematics and dynamics of three-dimensional breaking waves on slopes [C]. Proceeding 13th Offshore and Polar Engineering Conference, USA, 2003: 340-346.

[43] GUYENNE P., GRILLI S. T. Computations of 3D Overturning Waves in Shallow Water [C]. Proceeding 13th Offshore and Polar Engineering Conference, USA, 2003: 347-352.

[44] GRILLI S. T., GUYENNE P., DIAS F. A fully non-linear model for three-dimensional overturning waves over an arbitrary bottom [J]. International Journal for Numerical Methods in Fluids, 2001, 35: 829-867.

[45] CHOI D. Y., WU C. H. A new efficient 3D non-hydrostatic free-surface flow model for simulating water wave motions [J]. Ocean Engineering, 2006, 33: 587-609.

[46] MADSEN O. S., MEI C. C. The transformation of a solitary wave over uneven bottom [J]. Journal of Fluid Mechanics, 1969, 39: 781-791.

[47] 裴玉国.畸形波的生成及基本特性研究[D].大连:大连理工大学,2007.

[48] SERGEEVA A., PELINOVSKY E., TALIPOVA T. Nonlinear random wave field in shallow water: variable Korteweg-de Vries framework [J]. Natural Hazards and Earth System, 2011, 11(2): 323-330.

[49] 梅强中.水波动力学[M].北京:科学出版社,1984.

[50] DYACHENKO A. I., ZAKHAROV V. E. Modulation instability of Stokes wave → freak wave [J]. JETP Letters, 2005, 81(6): 255-259.

[51] ZAKHAROV V. E, DYACHENKO A. I., PROKOFIEV A. O. Freak waves as nonlinear stage of Stokes wave modulation instability [J]. European Journal of Mechanics B-Fluids, 2006, 25(5): 677-692.

[52] OSBORNE A. R., ONORATO M., SERIO M. The nonlinear dynamics of rogue waves and holes in deep-water gravity wave trains [J]. Physics Letters, 2000, 275: 386-393.

[53] TOFFOLI A., BITNER-GREGERSEN E., ONORATO M., et al. Wave crest

and trough distributions in a broad-banded directional wave field [J]. Ocean Engineering, 2008, 35: 1784-1792.

[54] ZAKHAROV V. E., SHABAT A. B. A scheme for integrating the nonlinear equations of mathematical physics by the method of the inverse scattering problem I [J]. Functional Analysis and Its Applications, 1974, 8: 226-235.

[55] SATSUMA J. N-soliton solution of the two-dimensional Korteweg-de Vries equation [J]. Journal of the Physical Society of Japan, 1976, 40: 286-290.

[56] PETERSON P., SOOMERE T., ENGELBRECHT J., et al. Interaction soliton as a possible model for extreme waves in shallow water [J]. Nonlinear Processes in Geophysics, 2003, 10(6): 503-510.

[57] FAN Y., TIAN L. X. The Quasi-rogue Wave Solution on the Camassa-Holm Equation [J]. International Journal of Nonlinear Science, 2011, 3: 259-266.

[58] CHERNEVA Z., SOARES C. G. Non-linearity and non-stationarity of the New Year abnormal wave [J]. Applied Ocean Research, 2008, 30: 215-220.

[59] JANSSEN M. Nonlinear Four-Wave Interactions and Freak Waves [J]. Journal of Physical Oceanography, 2003, 33: 863-884.

[60] MORI N., JANSSEN P. A. E. M., 2006. On Kurtosis and Occurrence Probability of Freak Waves [J]. Journal of Physical Oceanography, 36(7):1471.

[61] CHAPLIN J. R. On frequency-focusing unidirectional waves [J]. Journal of Offshore and Polar Engineering, 1996, 6(2): 131-137.

[62] 黄国兴. 畸形波的模拟方法及基本特性研究[D]. 大连:大连理工大学,2002.

[63] 赵西增. 畸形波的实验研究和数值模拟[D]. 大连:大连理工大学,2009.

[64] 刘赞强. 畸形波模拟及其与核电取水构筑物作用探究[D]. 大连:大连理工大学,2011.

[65] KRIEBEL D. L. Efficient simulation of extreme waves in a Random Sea [C]. Rogue waves 2000, Brest, France, 2000: 1-2.

[66] 刘晓霞. 三维波浪场中畸形波的数值模拟[D]. 大连:大连理工大学,2008.

[67] CLAUSS G. F., STEINHAGEN U. Optimization of Transient Design Waves in Random Sea [C]. Proceedings of the 10th International Offshore and Polar Engineering Conference, Seattle, USA, 2000.

[68] BRANDINI C. , GRILLI S. Modeling of freak wave generation in a 3D-NWT [C]. Proceedings of the 11th International Offshore and Polar Engineering Conference, 2001, Stavanger, Norway.

[69] FOCHESATO C. , GRILLI S. , DIAS F. Numerical modeling of extreme rogue waves generated by directional energy focusing [J]. Wave Motion, 2007 44: 395-416.

[70] MORI N. , ONORATO M. , JANSSEN P. A. E. M. , On the Estimation of the Kurtosis in Directional Sea States for Freak Wave Forecasting [J]. American Meteorological Society, 2011, 41(8): 1484-1497.

[71] KIM C. H. , RANDALL R. E. , BOO S. Y. , et al. Kinematics of 2-D transient water waves using Laser Doppler Anemometry [J], Journal of Waterway, Port, Coastal and Ocean Engineering, 1992, 118(2): 147-165.

[72] BALDOCK T. E. , SWAN C. , TAYLOR P. H. A laboratory study of nonlinear surface waves on water [J]. Philosphical Transactions of the Royal Society: Mathematical, Physical and Engineering Sciences, 1996, 354 (1707): 649-676.

[73] SHE K. , GREATED C. A. , EASSON W. J. Experimental study of three-dimensional breaking wave kinematics [J]. Applied Ocean Research, 1997, 19: 329-343.

[74] JOHANNESSEN T. B. , SWAN C. , A laboratory study of the focusing of transient and directionally spread surface water waves [C]. Royal Society of London Proceedings, 2008, 457:971-1006.

[75] 庞红犁. 极端波浪作用下海上结构物高频共振响应的数值模拟研究[D]. 天津:天津大学,2003.

[76] 李金宣. 多向聚焦极限波浪的模拟研究[D]. 大连:大连理工大学,2007.

[77] 柳淑学,洪起庸,三维极限波的产生方法及特性[J]. 海洋学报,2004,26(6):133-142.

[78] ANDONOWATI, KARJANTO N. , van GROESEN E. Extreme wave phenomena in down-stream running modulated waves [J]. Applied Mathematical Modelling, 2007, 31: 1425-1443.

[79] DUCROZET G. ,BONNEFOY F. ,TOUZÉ D. L. ,FERRANT P. 3-D HOS simulation of extreme waves in open sea [J]. Natural Hazards and Earth System Sciences, 2007, 7(1):109-122.

[80] 张运秋．深水畸形波的数值模拟研究［D］．大连：大连理工大学，2008.

[81] 刘首华．畸形波的海浪数值模拟研究［D］．青岛：中国海洋大学，2010.

[82] CLAMOND D., GRUE J. On an Efficient Numerical Model for Freak Wave Simulations [C]. Proceedings of the 11th International Offshore and Polar Engineering Conference, Stavanger, Norway, 2001.

[83] WU C. H., YAO A. F. Laboratory measurements of limiting freak waves on currents [J]. Journal of Geophysical Research, 2004, 109: C12002, doi: 10.1029/2004 JC002612.

[84] CLAUSS G. F. Dramas of the sea: episodic waves and their impact on offshore structures [J]. Applied Ocean Research, 2002, 24: 147-161.

[85] OSBORNE A. R. The random and deterministic dynamics of 'rogue waves' in unidirectional, deep-water wave trains [J]. Marine Structures, 2001, 14: 275-293.

[86] FOCHESATO C., GRILLI S., DIAS F., Numerical modeling of extreme rogue waves generated by directional energy focusing [J]. Wave Motion, 2007, 44: 395-416.

[87] GRUE J., CLAMOND D., HUSEBY M., et al. Kinematics of extreme waves in deep water [J]. Applied Ocean Research, 2003, 25: 355-366.

[88] GRUE J., JENSEN A. Experimental velocities and accelerations in very steep wave events in deep water [J]. European Journal of Mechanics B/Fluids. 2006, 25: 554-564.

[89] JOHANNESSEN T. B., SWAN C., A laboratory study of the focusing of transient and directionally spread surface water waves [J]. Proceedings of the Royal Society A, 2001, 457: 971-1006.

[90] CLAUSS G. F., STEMPINSKI F., STUCK R.. On modelling kinematics of steep irregular seaway and freak waves [C]. Proceedings of the ASME 2008 27th International Conference on Ocean, Offshore and Arctic Engineering, ASME, 2008.

[91] JOHANNESSEN T. B., Calculations of kinematics underneath measured time histories of steep water waves [J]. Applied Ocean Research, 2010, 32: 391-403.

[92] SMITH S. F., SWAN C. Extreme two-dimensional water waves: an assessment of potential design solutions [J]. Ocean Engineering, 2002, 29:

387-416.

[93] FOCHESATO C., DIAS F., GRILLI S. Wave energy focusing in a three-dimensional numerical wave tank [C]. Proceedings of the 15th International Offshore and Polar Engineering Conference, 2005.

[94] WALKER D. A. G., TAYLOR P. H., TAYLOR R. E. The shape of large surface waves on the open sea and the Draupner New Year wave [J]. Applied Ocean Research, 2004, 26: 73-83.

[95] BUCHNER B., CHRISTOU M., EWANS K., et al. Spectral characteristics of an extreme crest measured in a laboratory basin [C]. Rogue Waves Workshop, 2008, Brest, France.

[96] 俞聿修,随机波浪及其工程应用[M].大连:大连理工大学出版社,2003.

[97] RODI W. Turbulence models and their application in hydraulics [C], third ed. . IAHR Monograph, Balkema, Rotterdam, The Netherlands, 1993.

[98] HIRT C. W., Nichols B D. Volume of fluid (VOF) method for the dynamics of free boundaries [J]. Journal of Computational Physics, 1981, 39 (1): 201-225.

[99] SHEN Y. M, NG C. O., ZHENG Y. H. Simulation of wave propagation over a submerged bar using the VOF method with a two-equation k-ε turbulence modeling [J]. Ocean Engineering, 2004, 31: 87-95.

[100] REN B., WANG Y. X. Numerical simulation of random wave slamming on structures in the splash zone [J]. Ocean Engineering, 2004, 31: 547-560.

[101] 竺艳容.海洋工程波浪力学[M].天津:天津大学出版社,1991.

[102] 周纪芗.实用回归分析方法[M].上海:上海科学技术出版社,1990.

[103] TORRENCE C., COMPO G. P. A practical guide to wavelet analysis[J]. Bulletin of the American Meteorological Society, 1998, 79(1): 61-78.